全国烹饪工坊系列规划创新教材

西式面点制作技术与文化

主　编　吕　晶　刘海轶

副主编　郭　鑫　王　璐　王云龙

U0224210

中国商业出版社

图书在版编目(CIP)数据

西式面点制作技术与文化 / 吕晶,刘海轶主编.
北京 : 中国商业出版社,2024.12. -- ISBN 978-7
-5208-3248-9

Ⅰ. TS213.23

中国国家版本馆 CIP 数据核字第 2024Q26H91 号

责任编辑:李 飞

(策划编辑:蔡 凯)

中国商业出版社出版发行

(www.zgsycb.com　100053　北京广安门内报国寺 1 号)
总编室:010—63180647　编辑室:010—83114579
发行部:010—83120835/8286

新华书店经销

北京荣泰印刷有限公司印刷

*

787 毫米×1092 毫米　16 开　14.25 印张　320 千字
2024 年 12 月第 1 版　2024 年 12 月第 1 次印刷
定价:58.00 元

* * * *

前　言

在世界的美食版图上，西式面点犹如一颗璀璨的明珠，以其独特的魅力吸引着全球食客的目光。从法国的马卡龙、意大利的提拉米苏，到英国的司康饼、美国的甜甜圈，每一种西式面点都承载着各自国家的历史、文化和审美情趣，它们不仅仅是味蕾的享受，更是文化与艺术的结晶。

本书旨在为读者揭开西式面点的神秘面纱，深入探索其制作技术的奥秘，同时，带领读者领略西式面点背后丰富的文化内涵。

本书内容由易到难，结构脉络清晰，将基础理论、专业实训与素质拓展有机融合，突出职业精神的培养。不仅涵盖了西点制作基础操作技能和理论知识，还涵盖了知名西点的文化溯源，让学生不仅学习到相关模块的制作工艺，还能拓展国际化视野，激发学习兴趣，同时对西点的创新与发展有进一步的体会与认识。立足于"技能成才"，力求做到"教、学、做"统一，"产、学、研"同步。

本套书结合思政课程建设，强调立德树人，强化职业素养的培育，设立学习的终极目标和过程目标，培养学生良好的工匠精神、劳动精神，引导学生在学习过程中树立社会主义核心价值观及正确的从业意识，形成良好的职业道德。

通过学习西式面点的制作技术，不仅能够提升个人的烹饪技能，更能够增进对世界各地文化的理解和尊重。让我们一起踏上这场西式面点的探索之旅，用双手创造美味，用心品味文化，让西式面点成为连接你我、沟通世界的美味使者。

本书由吕晶、刘海轶主编，共同负责全书的统稿和修改。全书由吕晶、刘海轶主要执笔，郭鑫负责理论部分内容编写，王璐、王云龙共同负责实操部分编写，最后由吕晶、刘海轶审核定稿。

本书在撰写的过程中，参考了大量相关资料和文献，同时为了保证论述的全面性与合理性，引用了许多专家学者的观点，在此表示最诚挚的谢意。由于编者水平有限，书中难免存在不足之处，敬请广大专家和读者批评指正。

编者

2024 年 10 月

目　录

理论部分

实操部分

理 论 部 分

第一章　绪论

第一节　简介

一、概念

西式面点简称西点，主要是指来源于欧美国家的糕点。它是以面粉、油脂、糖、鸡蛋和乳品为主要原料，辅以干、鲜果和调味料，经过调制、成型、成熟、装饰等工艺过程制成，具有一定色、香、味、形的营养食品。

西式面点具有三层含义：

（1）原料分为主料、辅料。

（2）工艺过程分为调制、成型、成熟、装饰。

（3）成品特点为色、香、味、形、营养。

二、西点工艺研究的内容

（1）西点的原料：主料和辅料用料及加工过程中的物理化学变化。

（2）西点的设备与用具：烤箱、搅拌机、发酵箱、刮刀、抹刀等。

（3）制作工艺：工艺流程、配方。

（4）制作技术：制作方法、制作过程、关键要领。

三、西点的种类

（1）传统的分类：面包、蛋糕、点心。

（2）按照西点制品的温度分类：常温点心、冷点心和热点心。

（3）按照西点的用途分类：主食、零售类点心、宴会点心、酒会点心、自助餐点心和茶点。

（4）按照口味分：甜点和咸点，西点中多数为甜点，少数为咸点。

带咸味的西点主要有咸面包、三明治、汉堡包、咸西饼等。

甜点较多，最基本的种类有蛋糕、饼干、派、塔、布丁、起酥类点心、冷冻甜点等。

（5）按照厨房分工不同分为面包类、糕饼类、冷冻品类、巧克力类、精致小点类和工艺造型类。此种分类方法概况性强，基本包括西点生产的所有内容。

（6）按西点加工工艺及坯料性质分类，可分如下几类。

①蛋糕类：主要以鸡蛋、糖、油脂、面粉为主要原料，配以水果、奶酪、巧克力、果仁等辅料，经过一系列加工而制成的松软点心。根据使用的原料、搅拌方法和面糊性质可分为：乳沫类（海绵类、清蛋糕）、戚风类、面糊类（油脂类）三种。

②混酥类：又称为油酥或松酥。主要类型有派（Pie）和塔（Tart）。

派俗称馅饼，有单皮派和双皮派之分。塔是欧洲人对派的称呼，比较两种的用途派多指双层皮派、形状较大，多切成块状，塔多指单皮比较小型的"馅饼"形状，有圆形、椭圆形、船形、长方形等。

③起酥类：国内称为清酥类、麦酥或层酥，是两种性质完全不同的面团（油酥面、水油面）互为表里，反复擀制、折叠、冷冻制成的面胚，根据制品的需要经过成型、烤制而成的一类。

④面包类，发酵烘焙食品，是以面粉、酵母、盐和水为基本原料，添加适量糖、油脂、乳品、蛋、果料、添加剂等，经过搅拌、发酵、成型、饧发、烘焙等工艺而制成的组织松软富有弹性的制品。分类方法较多，主要有以下四类。

A. 按照面包软硬程度可以分为软式面包和硬式面包。

软式面包，配方中使用较多的糖、油脂、鸡蛋、水等柔性原料，组织柔软，结构细腻，如大部分亚洲和美洲国家生产的面包，汉堡包、热狗、三明治。我国生产的大多数面包属于软式面包。

硬式面包，配方中使用小麦粉、酵母、水、盐为基本原料，表皮硬脆有裂纹，内部组织柔软，咀嚼性强，如法包、荷兰面包、大列巴，以欧式为主。

B. 按照面包内外质地分为软质面包、硬质面包、脆质面包和松质面包。

软质面包：甜面包、白吐司面包。

硬质面包：菲律宾面包。

脆质面包：法式长棍面包。

松质面包：牛角面包。

C. 按照用途分主食面包、餐包、点心面包、快餐面包。

D. 按地域分为法式、意式、德式、俄式、英式和美式。

法式：以棍式面包为主，皮脆心软。

意式：样式多，橄榄形、棒形、半球形等。

德式：以黑麦粉为主要原料，多采用一次发酵法，面包酸度较大。

俄式：大列巴形状大而圆或梭子形，表皮硬而脆。

英式：多采用一次发酵法，发酵程度小。

美式：以长方形白面包为主，松软、弹性足。

⑤泡芙类：又称搅面类，泡芙又称气鼓、哈斗、空心饼，是将黄油、水和牛奶煮沸后，烫制面粉，再搅入鸡蛋制成面糊，通过挤注成形，烘焙或油炸空心，内部夹馅食用。

⑥饼干类，又称干点小西点，重量和体积较小，以一口一个为宜，适用于酒会、茶点或餐后食用，有甜咸之分。

⑦冷冻食品类，通常指通过冷冻成形的甜点，种类繁多，果冻、慕斯、冰激凌等。

⑧巧克力类，巧克力配件。

⑨装饰造型类。

四、西式面点的特点

（1）用料讲究、营养丰富。

（2）工艺性强、成品美观。

（3）口味清香、甜咸酥松。

第二节　西点设备和用具

一、设备

1. 烘烤炉

烘烤炉的热源有气、微波、电能、煤等，目前大多数采用电热式烘烤炉，因此结构简单、产品卫生、温度调节方便、自动控温而备受青睐。最新出现的分层式烤箱优于早期大开门烤箱，这种烤箱性能稳定，温度均匀，可调节底火和面火，各层制品互不干扰。

2. 搅拌机（又称打蛋器）

西点的常用设备，其用途广泛，既可用于蛋糕浆料的搅拌混合，又可用于点心及面包（小批量）面团调制，还可打发奶油膏和蛋白膏以及混合各种馅料。

搅拌机一般带有圆底搅拌桶和三种不同形状的搅拌头（桨），网状用于低黏度物料如蛋液与糖的搅打，桨状（扁平花叶片）用于中黏度如油脂和糖的打发，以及点心面团的调制，勾状用于高黏度如面包面团的搅拌，搅拌速度可根据需要进行调控。

此外，台式小型搅拌器可用于搅打鲜奶油，馅料的混合及教学演习，既方便效果又好，更适合家庭使用。英国健伍、美国厨宝是台式搅拌器世界名牌。

3. 和面机

和面机即面包面团搅拌机，专门用于调制面包面团，有立式和卧式两种，生产高质量的面包应使用高速搅拌机（转速在 500 r/min 以上），使面筋充分扩展，缩短面团的调制时间，如果有普通的和面机，则需要配一台压面机，将和好的面团通过压面机反复再加工，以帮助面筋扩展。

4. 饧发箱

饧发箱是面包最后饧发的设备，能调节和控制温度、湿度，如无条件购置，也可自建简易饧发室，采用电炉烧水的方法来产生蒸汽和升温。

5. 油炸锅

目前多采用远红外电炸锅，能自动控制温度，有效地保障了制品的质量，如没有条件也可用普通的平底锅代替。

二、用具

1. 烤盘

用于摆放烘烤制品，多为铁制，清洗后需擦干以防生锈，铝制品容易清洗，但存在热通折射缺点。现已有表面作防粘处理的铁弗龙烤盘。

2. 焙烤听

焙烤听是蛋糕、面包（土司）成型的模具，由铝、铁、不锈钢或镀锡等材料制成，有各种尺寸形状，可根据需要选择。

3. 刀具

菜刀用于制馅或切割面剂；锯齿刀用于蛋糕或面包切片；抹刀（裱花刀）用于裱奶油或抹馅心用；花边刀两端分别为花边夹和花边滚刀，前者可将面皮的边缘夹成花边状，后者由圆形刀片滚动将面皮切成花边。还有一些专用制品的刀具。

4. 印模

印模是一种能将点心面团（皮）经按、切成一定形状。模具的形状有圆形、椭圆形、三角形等，切边有平口和花边两种，如月饼模、桃酥模、饼干模等。

5. 挤注袋、裱花嘴

挤注袋又称裱花袋，与不同形状的裱花嘴配合使用，用于点心的挤注成形，馅料灌注和裱花装饰，挤注袋面料可用尼龙、帆布、塑料制成。裱花嘴有铜、不锈钢、塑料等品种，有平口、牙口、齿口等几十种不同形状。

6. 转台

可转动的圆形台面，主要用于装饰裱制大蛋糕。

7. 筛子

筛子用于干性原料的过滤，有尼龙丝、铁丝、铜丝等。

8. 锅

锅可分为两种，一种为加热用的平底锅，用于馅料炒制，糖浆熬制和巧克力的水浴溶化（炒制果酱必须用铜锅，切忌用铁锅，因为铁制品遇到果酸易氧化变色）；另一种为圆底锅（或盆），用于物料的搅打混合。

9. 走槌

走槌用于擀制面团，原料有木制、塑料和金属三种，形状平、花齿及用于特殊制品的圆锥体（烧麦）。

10. 铲

铲有木、竹、塑料、铁、不锈钢等制品，用于混合、搅拌或翻炒原料。

11. 漏勺

在油炸制品时，往往和灌浆料同时操作，最少配备两把以上，以便操作。

12. 长竹筷

长竹筷用于油炸制品时的翻滚操作。

13. 汤勺

汤勺有塑料、不锈钢、铜等品种，用于挖舀浆料如乳沫类蛋糕浇模用。

14. 羊毛刷

羊毛刷用于生产制品时油、蛋液、水、亮光剂的刷制。

15. 打蛋钎

打蛋钎用于蛋液、奶油等原料的手工搅拌混合。

16. 衡、量具

衡、量具有称、量杯、量勺等。面点制作一定要有量的概念，尤其是西点，不能凭手或眼来估计原料的多少，必须按配方用衡器来称量各种原料，注明体积的液体原料可用量杯来量取。

17. 金属架

金属架用于摆放烘烤后的制品，便于透气冷却或便于表面浇巧克力等物料。

18. 操作台

大批量制作可采用不锈钢、大理石或拼木面的操作台，小批量制作如家庭可在面板或塑料板上进行。

第三节　常用原料

面粉的化学成分因小麦的种类、产地、气候及制粉方法不同，而有较大的变化范围。面粉中的含量最高的是糖类（主要是淀粉），约占面粉量的 75%，蛋白质占 9%～13%（主要是面筋蛋白质），维生素和矿物质相对集中在胚芽和麸皮内，脂质含量较少。

在面点制作中，面粉通常按蛋白质含量多少来分类，一般分为三种类型。

（1）高筋粉：又称强筋粉、面包粉，蛋白质含量为 12%～15%，湿面筋在 35% 以上，（加拿大的春小麦最好）主要用于面包、起酥点心、巧克斯的制作。

（2）中筋粉：蛋白质含量为 9%～11%，湿面筋含量为 25%～35%，市场出售的标准粉、普通粉都属于这类面粉。中筋粉主要用于重型水果蛋糕、饼类、面食类及一些对面粉要求不高的点心。

（3）低筋粉：又称弱筋面粉、蛋糕粉、糕点粉，蛋白质含量为 7%～9%，湿面筋含量为 25% 以下，适宜制作蛋糕、甜酥点心和饼干等。

另外，还有一些专用的特制粉，经过氯气漂白处理，颗粒非常细，因而吸水量大，适合做含液量和含糖量较高的蛋糕、面包，即高比蛋糕、高比面包，故又称高比粉。

二、油脂

油脂是油和脂的总称，一般将在常温下呈液态的称为油，呈固态的称为脂，多数动物油及氧化油在常温下呈固态，具有较高熔点、良好的起酥和可塑性，加工性能优于植物油。

油脂在西点制作中具有起酥、充气、可塑、乳化等功能作用，烘焙中还能产生特有的香气，并能增加制品的色泽。

油脂加入面粉中，由于其流变性，能在面粉颗粒周围形成油膜，阻碍蛋白质对水的吸收和面筋网络的形成，使面团的弹性和韧性降低，但可塑性得到提高。

一般来说，在一定的范围内，油脂越多，起酥性就越强，动物性油脂优于植物性油脂。

油脂引入空气的能力称为充气性，油脂因充气而膨松（搅打），充气性越好，打发的体积就越大，油脂的充气性与结晶状态有关，另外，细粒糖也有助于油脂的充气。

油脂的可塑性是指像面团一样经受揉捏、擀制及成形。可塑性与环境、温度及熔点有关，也与固体脂和液态油的比例有关。

油脂还具有乳化性，在乳化剂存在的条件下，它能与水形成稳定的分散体系，油脂的乳化性能越好，分散性也就越好，从而使制品得到更均匀的质地。

1. 奶油

奶油或称白脱油、黄油、牛油，具有特殊的芳香，是西点的传统油脂，奶油即牛奶中的脂肪，含脂量80％左右，16％的水分，有含盐、无盐两种，熔点28～30℃，其具有良好的起酥性、可塑性和乳化性，但价格较高，储存稳定性较差，国内除涉外宾馆外，天然奶油使用较少。

2. 麦淇淋（忌廉）

人造奶油，由植物油氢化而成，其质地类似奶油，含脂量80％，水分16％，起酥性、可塑性、乳化性较好，储存稳定性好，价格低，只是缺乏天然奶油的风味。

3. 起酥油

起酥油是指精炼的动植物油脂，氢化油或上述油脂的混合物，含脂量100％，分为全氢化和混合型两类，有固态和液态两种（流动性适合做面包、糕点），起酥油多呈白色，加色加香的则呈黄色。

4. 猪油

猪油具有良好的起酥性和乳化性，但不及奶油和忌廉，可塑性、稳定性较差，在西点中主要用于咸酥点心等类型。中点酥皮类用之较多。

5. 牛羊油

牛羊油具有良好的可塑性和起酥性，但熔点高，可达45℃左右，不易消化，在国外多用于布丁类点心。

6. 植物油

植物油起酥性和乳化性均比动物油脂差，西点类使用量较少，常用于中点制作。

花生油在植物油中质量较好，色、香、味俱全，是首选用油。棕榈油色质清亮，口感较好，也是上选用油。豆油生产出的制品颜色好，但易起沫，且有豆腥味，适宜煎不宜炸。卫生油（棉花油）炸制品色泽金黄好看，但没脱毒的卫生油长期食用对人体有害，所以不提倡使用。菜籽油、茶油色泽度较好，并含有些微的天然植物香味，在南方使用较多，北方因环境、口感等原因使用较少。

三、糖

糖除了作为甜味剂的功用外，同时还能阻碍面筋的吸水和生成，故能调节面筋的胀润度，提高糕点的酥性，其吸湿性能使糕点保持柔软，渗透压能抑制微生物的生成，焦糖化反应和美拉德褐变反应能促使制品上色增香，蛋糕制作中，增加蛋液的黏度和气泡的稳定性。发酵制品中糖又是酵母的食物。

1. 白砂糖

白砂糖形态上可分为细粒、中粒和粗粒三种，从产品的来源上又可分为蔗糖和甜菜糖两种，蔗糖的质量、口感优于甜菜糖。

细粒糖（绵糖）因其容易溶解，协助制品膨胀效果好，多数糕点均采用，故用量也较大。中粒糖性能略差于细粒糖，但含水量又低于细粒糖，适合做海绵蛋糕。粗粒糖不易溶化，含水量最少，甜度较高，适合熬浆、制品的表面装饰和加工糖粉。

2. 糖粉

糖粉是油结晶糖碾成的粉末，主要用于表面装饰，还可用于塔皮、饼干、奶油膏、糖皮制作，可增加其光滑度。

3. 赤（红）砂糖

赤（红）砂糖是未经脱色精制的蔗糖，用于某些要求褐色的制品，如农夫蛋糕、苏格兰水果蛋糕，或中点月饼馅、点心馅等。

4. 葡萄糖

葡萄糖又称淀粉糖，是由淀粉经酶水解制成，主要含葡萄糖、麦芽糖和糊精，加入糖制品中能防止结晶返砂。

5. 蜂蜜

蜂蜜含有较多的葡萄糖和果糖，带有天然的植物花香，营养丰富，吸湿性强，能保持制品的柔软性。

6. 化工甜味剂

化工甜味剂糖精、甜蜜素等，从某种意义上讲它们并不是糖，只是一种甜味剂，无营养价值，在制品加工过程中除增加甜度外并不起其他作用，因此高档产品中很少使用。

四、蛋

鸡蛋是糕点制作中常用的原料，鸭蛋、鹅蛋因含有异味，在糕点制作中很少使用。

1. 鲜蛋的成分

（1）蛋壳：占全蛋的10%。

（2）蛋白：占全蛋的60%。

（3）蛋黄：占全蛋的30%。

（4）去壳净蛋为50～55g，其中蛋白占66.5%，蛋黄占33.5%。

（5）蛋清中水分约占87%，10%的蛋白及少量的脂肪、维生素、矿物质。

（6）蛋黄中水分占50%，30%脂肪，蛋白质占16%，其余为少量的矿物质。

2. 冻蛋

－20℃储存，冷水解冻后要尽快用完，分蛋法（蛋清蛋黄分离法）冷冻1～2天后比鲜蛋更容易起泡，是因为pH值从8.9降到6.0所致。

3. 全蛋粉

按一份蛋粉，三份水的比例配成蛋液，但起泡不好，不宜做海绵类蛋糕。

4. 蛋清粉

90g蛋清粉，600g水，调配好后放置3～4h再使用，延长搅打时间，用于皇家糖霜、蛋白膏等。

五、乳品

西点常用的乳品主要是牛奶，牛奶不仅是常用辅料，还用来制作馅料和装饰料，也是制作奶粉、鲜奶油、奶油、酸奶、奶酪等乳制品的原料。

1. 牛奶的化学成分

牛奶含水量约占87%，其他即蛋白质、乳脂、乳糖、维生素和矿物质。牛奶中的蛋白质是完全蛋白质，营养价值高。其中主要又是酪蛋白，占蛋白质的80%，以胶体颗粒悬浮于乳清中，乳清中所溶解的是乳清蛋白质，乳脂以脂肪球状态分散在乳清中，故牛乳是一种水包油的乳状液。

2. 牛奶在糕点中的作用

牛奶含水量高，是糕点常用的润湿剂，提高制品的营养价值，赋予奶香味，乳糖在烘焙中与蛋白质发生美拉德褐变反应使制品上色快，酪蛋白和乳清蛋白是良好的乳化剂，能帮助水油分散，使制品的组织均匀细腻。

3. 中西点常用乳品

（1）鲜牛奶：在制作中低档蛋糕时，蛋量减少往往用鲜牛奶补充，鲜牛奶有全脂、半脂、脱脂三种类型，脱脂加工分离出的乳脂可用来加工新鲜奶油和固态奶油。

（2）奶粉：是由鲜牛奶浓缩干燥而成，使用方便，如果配方中为鲜牛奶，可用奶粉按 10%～15% 的浓度加水调制。

（3）炼乳：是牛奶浓缩的制品，分甜、淡两种，甜的保存时间长，较好地保持鲜奶的香味，可代替鲜奶使用，用来制作奶膏效果更佳。

（4）乳酪：（奶酪）是牛奶中的酪蛋白经凝乳酶的作用凝集，再经过适当加工、发酵制成，营养丰富、风味独特，可做乳酪蛋糕和馅料。

六、可可和巧克力

可可粉是西点的常用辅料，用来制作各类巧克力型蛋糕、饼干和装饰料。可可粉是可可豆的粉状制品，呈棕褐色，香味浓略带苦涩，54% 的香浓可可脂，14% 的蛋白质，14% 的淀粉，含一种苦味可可碱，烘焙中苦味减少香味增加。

巧克力是西点装饰的主要材料之一，色泽、香味均来源于可可成分，巧克力是天然可可脂加糖和可可粉经乳化而成，质地细腻而滑润。质量好的巧克力入口会慢慢融化，香味浓郁口感细腻无嚼蜡感。加牛奶的称为牛奶巧克力，不加牛奶的称为纯巧克力。有经脱色处理的白巧克力和加色加味的各种巧克力制品，挤线装饰用的有巧克力酱及软质巧克力。巧克力熔点低质地硬而脆，用时用约 40℃ 温水水浴法熔化。

七、水果和果仁

糕点使用的水果有多种形式，包括果干、糖渍水果（蜜饯）、罐头水果和鲜水果，果干和蜜饯主要用来制作水果蛋糕、月饼馅等。鲜水果和罐头用于较高档次的西点装饰和馅料，中点不常用。

果仁是指坚果类的果实，广泛用于糕点的配料、馅料和装饰料，如杏仁、核桃仁、榛子、栗子、花生、椰蓉及各类瓜子仁，国外用量最多的是杏仁。

第四节 食品添加剂

食品添加剂能改善面点的加工性能、质地、色泽和风味。

一、生物膨松剂

1. 酵母

酵母是工厂化生产纯菌提纯，不含或含少量杂菌，发酵力强时间短，不会产生酸味，所以不需加碱中和，是首选的发酵原料。

酵母有液体鲜酵母（酵水）、压榨鲜酵母、活性干酵母三种。液体酵母含水分90%，效力强但易酸败变质。压榨鲜酵母含水分75%，效力强但易变质，须冷藏。活性干酵母（发酵母）是由鲜酵母脱水干燥处理而成，约含10%的水分，不易变质更容易保存，但发酵力差。

2. 面肥（老面、面种、糟头）

含酵母，同时也含有较多的醋酸等杂菌，在面团发酵过程中，杂菌繁殖产生酸味须加碱中和。

二、化学膨松剂

1. 发粉

（1）碳酸氢钠：俗称食粉、苏打、小起子，在热空气中缓缓分解出二氧化碳气体，使制品膨胀暄软、疏松（凉水溶解）。

（2）碳酸氢氨：俗称氨粉、大起子、臭粉、食用化肥，水温35℃以上产生氨气（挥发）和二氧化碳气体。（凉水溶解，禁用温热水）

（3）泡打：俗称发粉、发酵粉、焙粉、炙粉，是由碱剂（苏打）、酸剂、添加剂配合而成的复合膨松剂，需加入干面粉拌匀。

2. 碱矾盐

三种配合加在温水中溶解而产生化学反应，使制品膨松。

三、水

调节面团稠稀，便于淀粉膨胀糊化，促进面筋生成，促进酶对蛋白质、淀粉的水解，生成利于人体吸收的多种氨基酸和单糖；溶解原料传热介质；制品含水可使其柔软湿润。

四、盐

（1）调味，用于制馅。

（2）增强面团的筋力，"碱是骨头盐是筋"，盐能促进面筋吸水，增强弹性与强度、质地紧密，使面团延伸、膨胀时不易断裂。

（3）改善色泽。面团加入盐后，组织会变得更细密，光线照射制品时暗影小，显得颜色白而有光泽。

（4）调节发酵速度。发酵面加盐比例约占面粉的 3%，盐能提高面团的保气能力，从而促进酵母生长，加快发酵速度，如果用量多，盐的渗透力就会加强，又会抑制酵母生长，使发酵速度变慢。

五、调节剂

（1）碱：与酸性中和，改变酸性。

（2）白醋、矾：与碱性中和，改变碱性。

（3）塔塔粉：与酸碱中和。

六、防腐剂

（1）丙酸钙：广泛用于点心的制作。

（2）山梨酸钾：主要用于肉类制品。

（3）苹果酸：用于点心制品、饮料、糖浆的制作。

（4）柠檬酸：用于点心制品、饮料、糖浆的制作。

七、面团改良剂

面团改良剂又称面包改良剂，主要用于面包面团的调制时使用，以增强面团的搅拌耐力，加快面团成熟，改善制品的组织结构，其中，包含氧化剂（氧化钠用于面包类）、还原剂（焦亚硫酸钠用于月饼类，起减弱面筋作用）、乳化剂（利于水油乳化）、酶、无机盐等成分。

八、乳化剂

乳化剂属于表面活性剂，一般不同程度地具有发泡和乳化双重功能，作为发泡剂使用时能维持泡沫体系结构稳定，使制品获得一个致密的疏松结构；作为乳化剂使用，则能维持水油分散体系（乳液）的稳定，使制品组织均匀细腻。

九、香精香料

香精香料分为脂溶性和水溶性两种性质，按来源分为天然和人工合成两类，天然香精对身体无害，合成的香料类用量不宜超过原料总量的 $0.1\%\sim0.25\%$。除奶油、巧克力、乳品、蛋品等自然风味外，西点制作还加某些香精香料来增加风味，但用量不宜过多，否则会掩盖或损害原来的天然风味。

水溶性香料类容易挥发，耐热性低于脂溶性香精，须在冷却或加热前加入，西点用得最多的是橘子、柠檬等果味香精，以及香草、奶油巧克力等香料，有时还用烹调香料：茴香、豆蔻、胡椒等。

食品中直接使用的合成香精仅有香兰素，也是用得最多的香剂，常与奶油、巧克力配合使用，需要注意的是，奶油香精不要和玫瑰香料混合使用，否则会产生胶臭味。

中点用的香料则较为广泛，果香、花香以及各种花酱类用途非常普及。

目前中西点常用的香料有香草、可可、柠檬、薄荷、椰子、杏、桃、菠萝、香蕉、杨梅、苹果、橘子、奶油、玫瑰、桂花、山楂、草莓等，根据需要进行选购。

除上述原料外，还用酱油、各类酒、味精、糖浆、可可粉、吉士粉、花生、芝麻等果仁类辅料。

十、色素

色素分为天然色素和人工合成色素两大类。

人工合成色素较天然色素稳定，着色力强，调色容易，价格低。西点用量较多的色素是胭脂红和柠檬黄，然而合成色素大多对人体有害，国家卫生健康委员会规定，目前只准使用胭脂红、柠檬黄、亮蓝、靛蓝四种人工合成色素，使用量不许超过原料总量的万分之一，故提倡天然色素。

附1：色素配伍

胭脂红＋靛蓝＝紫红

靛蓝＋柠檬黄＝果绿

胭脂红＋柠檬黄＝橘黄

柠檬黄＋苋菜红＝蛋黄

红＋绿＝综黑（果沾）

附 2：制作天然色素

（1）菠菜绿：菠菜叶洗净后捣烂，加少许石灰水澄清，倒掉清水即可，特点是色泽青绿，味清香。

（2）苋菜红：苋菜捣汁和面即可，多用于中点染色。

（3）南瓜黄：南瓜去皮蒸烂掺入面粉揉制，即可得到橙黄或黄色面团。

（4）微生物：红曲、栀子黄。

（5）可可、咖啡（利用本色）。

十一、增稠剂

增稠剂一般性于高分子物质，黏度高且能凝胶。

（1）冻粉：琼脂，是海藻石花菜萃出物（果冻类制品）。

（2）明胶：又称骨胶，动物骨头、皮熬制脱水制成。

（3）果胶：各类水果汁加热浓缩而成（制果冻、镜面胶等）。

（4）淀粉：地瓜、土豆、玉米、小麦、绿豆等。

目前，上述原料所制成的馅料、饰料产品已面市，如各类风味、色泽的果汁、上光果胶等。

附 1：糖浆的熬制工艺

糖浆是白砂糖或绵白糖加适量的水、饴糖、蜂蜜等经过加热熬成的黏性液体，按原料比例、温度不同，所加工出来的糖浆可分为亮浆、砂浆、沾浆和糖稀四种。

（1）亮浆：也称明浆或需水浆（糖 500g 加水 150～200g），原料加热到 110℃时（用手拔丝可拉至 4cm 左右），加入葡萄糖浆（可用饴糖代替，也可加适量柠檬酸及各类果酸），150g 左右，再加热至 110℃即可。

合格的亮浆涂在制品上光明透亮，不粘手、不翻砂、不脱落，熬制的火候要适当，浆老涂层则厚，起疙瘩，入口硬，色泽深暗没有光泽，浆轻可使制品喝浆多，易碎，外观不亮且粘手。

（2）砂浆：又称翻浆、暗浆。（500g 糖加水 150g）加水熬至 110℃起白霜即可。沾到制品上能翻砂，色泽洁白不透明，不散不碎，表面呈白色细粒状。熬制砂浆要注意好火候，浆老了翻砂早不均匀，制品表面粗糙变硬、色暗；浆轻了则不返砂，浆易浸入制品内，色灰质软口感不利不易保管。

（3）沾浆：制法同亮浆，火候比亮浆稍轻一些（套糖制品用）。

（4）稀浆：制法同亮浆，但加水量为 250g，加葡萄糖浆 500g，火候比沾浆要轻些比砂浆老，熬至起胶即可。便于制品喝透糖浆，滋味润美。（沙琪玛、羊角蜜等）加工蛋糕类制品可代替蜂蜜使用（糖油）。

附 2：饴糖的制作

饴糖又称糖稀、米稀，是由淀粉经过酶水解制成，其主要成分是麦芽糖和糊精，色泽淡黄而透明，呈浓厚黏稠的浆状，甜味较淡。

饴糖可代替部分糖使用，主要作用是增加制品的色泽、香味和抗结晶作用。

配方：糖 100g 加水 2000g 加白醋 20g。

工艺：水煮开后将糖放入搅拌至糖溶化，再次熬开后约五分钟下白醋，沸火熬至起胶离火，放置数日发酵后即成成品。

此配方制作的产品质量不及原始糖稀，但在原料缺少的情况下可以代替使用。

糖稀有两种，一种是米稀，也称白稀；另一种是红稀，即地瓜稀，质量不及米稀。

第五节　配方平衡

各类西点都有一定的配方，但西点的配方也不是一成不变的，而是根据条件和需要在一定范围内进行变化，这种变化并不是随意的，须遵循一定的配方平衡原则。

配方平衡是对西点制作具有重要的指导意义，它是质量分析、配方调整或修改以及新配方设计的依据。

配方平衡原则建立在原料功能作用的基础上，原料功能可分为以下几组。

（1）干性原料：面粉、奶粉、泡打粉、可可粉等。

（2）湿性原料：蛋类、牛奶、水等。

（3）强性原料：面粉、蛋、牛奶。

（4）弱性原料：糖、油脂、泡打粉。

配方平衡原则的基础是：在一个合理的配方中应该满足干性原料与湿性原料之间的平

衡；强性原料与弱性原料之间的平衡。

一、干湿平衡

蛋糕液体的主要来源是蛋液，蛋液与面粉的基本比例是 1∶1，由于海绵类蛋糕主要表现是泡沫体系，而气泡可以增加浆料的硬度，所以海绵蛋糕在基本比例的基础上，还可以增加较多的蛋液。

而油脂蛋糕主要表现是乳化体系，水太多不利于油水乳化且浆料过稀，故蛋液加入量一般不超过面粉量。

各类主要液体基本量比例如下（对面粉百分比）。

（1）海绵蛋糕：加蛋量 100％～200％或更多（相当于加水量的 75％～150％或更多）。

（2）油脂蛋糕：加水量 75％（蛋液量 100％）。

此外，干湿平衡的调整还应注意以下几点：

（1）制作低档蛋糕时，蛋液减少可用水或牛奶来补充液体量，但兑水量不宜超过面粉量。

（2）根据油糖对吸水作用的影响，当配方中的油、糖增加时加水量则相对减少，一般每加 1％的油脂，应降低 1％的加水量。另外，配方中如增加液体如蛋液、糖浆、果汁等，加水量也应相对减少。

（3）配方中的总液体量大于用糖量时有利于糖的溶解。

（4）由于各种液体的含水量不同，故它们之间的换算不是等量关系，蛋液含水量约75％，牛奶含水量约 87.5％。

（5）在制作可可型蛋糕时，加水量不低于面粉量的 4％，由于可可粉比面粉具有更强的吸水性，去掉等量的面粉应增加等量的牛奶或适量的水来调节干性平衡。如配方中面粉为1000g，加可可粉 40g，调整后面粉应为 960g，牛奶 40g，泡打粉 2g，其他原料不变。

二、强弱平衡

1. 强弱平衡主要考虑的是油脂和糖对面粉的平衡

油脂蛋糕的油脂越多，起酥性就越好，但油脂量一般不超过面粉量，否则会酥散不成型。非酥性制品如海绵蛋糕，油脂量较少，否则会影响气泡结构的稳定性，以及制品的弹性，在不影响品质的前提下，根据甜味需要可适当调节糖用量。

各类主要制品的油脂和糖用量基本比例如下（对面粉比）。

（1）海绵蛋糕：糖 80％～110％，油脂 0。

（2）奶油海绵蛋糕：糖 80％～110％，油脂 10％～50％。

（3）油脂蛋糕：糖 25％～50％，油脂 40％～70％。

调节强弱平衡的基本规律是：当配方中增加强性原料时，应相对增加弱性原料来平衡。反之则相反。例如，油脂蛋糕中的油脂增加，在面、糖不变的情况下，相应增加蛋量平衡，而蛋量增加，糖量也要适当增加。可可粉和巧克力都含有一定量的可可脂，而可可脂起酥性约为固体油脂的一半，因此根据可可粉、巧克力的加入量可适当减少配方中的油脂量。

2. 泡打粉的比例

泡打粉是一种化学膨松剂，协助或部分代替蛋的发泡或油脂的酥松作用，因而在下述情况下应补充泡打粉：

（1）蛋糕配方中的蛋量减少；油脂蛋糕中的油脂或糖量减少时；牛奶加入时，都应补充泡打粉。

（2）一般而言，蛋粉比超过 150％时可不加泡打粉，高中档蛋糕配方泡打粉用量为面粉量的 0.5％～1.5％，较低档蛋糕（蛋量低于面粉量）的泡打粉量为面粉量的 2％～4％，以上原则也适用于油脂较多的酥性制品如油脂蛋糕。油脂减少越多，泡打粉增加就越多。

（3）牛奶具有使制品收缩的作用，需要用具有相反作用的糖或泡打粉来平衡。

三、高比蛋糕平衡

高比蛋糕即高糖、高液蛋糕。配方中的糖量和总液体量往往超过面粉量，甚至可高达面粉量的 120％～140％（糖量）和 140％～160％（液体量），在高比蛋糕配方中，太多的糖会加大对制品结构的散开作用。可由加有收缩作用的牛奶来平衡。此外，针对过多的液体，应采用吸水性强的高比面粉和乳化性强的高比油脂。

四、配方失衡对制品质量产生的影响

（1）液体大多会使蛋糕最终呈"×"形状，制品体积缩小甚至部分糕体随之坍塌。液体量不足则会使制品紧缩，内部粗糙、质地发干。

（2）糖和泡打粉过多，会使蛋糕结构体积变弱，造成顶部塌陷，导致呈"M"形。糖加多口感太甜且发黏，泡打粉多制品底部发黑。糖和泡打粉不足会使糕体质地紧缩、不疏松，顶部突起太高，甚至破裂。

（3）油脂太多亦能弱化制品结构、顶部下陷，糕心油亮且口感油腻，油脂不足则糕体发紧、顶部突起甚至裂开。

第六节 乳化及烘焙技术

一、乳化技术

西点大多数含有油脂，因此涉及油和水的分散即乳化。一种液体分散在另一种不相溶的液体中，形成高度分散体系的过程称为乳化。

乳化分为水包油型（油分散在水中，即水多油少）和油包水型（水分散在油中，即油多水少）两种类型。如牛奶即是水包油型，固体奶油、麦淇淋及一些动物性固体脂即是油包水型。

乳液泡沫的很大界面是不稳定的，欲使其稳定就需要乳化剂。乳化剂与发泡剂一样，既有亲水基也有疏水基。它在油水界面上吸附时，亲水基朝水向，疏水基朝油向，在油滴和水滴周围形成一层保护膜，从而维持乳液的稳定。

乳化剂（蛋糕油、S.P）是一类由多种乳剂或发泡剂组成的复合制品，从整体上看，这类制品具有稳定泡沫和稳定乳液的双重功能。

当配方中的油脂或水量增加时，应适当增加 S.P，温度太高太低都不利于乳化，油脂和蛋液的最适宜乳化温度是 20～25℃。

二、烘焙技术

烘焙是制品在烤炉中高温烘烤成制品的工序，是糕点成熟的主要方法。制品在烘烤过程中发生一系列物理、化学和生物化学变化，如水分蒸发、气体膨胀、蛋白质凝固、淀粉糊化、油脂溶化和氧化，糖的焦糖化和美拉德褐变反应等，经烘焙产生悦人的色泽和香味。

1. 烘焙过程

制品在烘焙过程中一般会经历急胀挺发、成熟定型、表面上色和内部烘透几个过程。

（1）急胀挺发：制品内部的气体受热膨胀，体积随之迅速增大。

（2）成熟定型：与蛋白质凝固和淀粉糊化相同，制品结构定型并基本成熟。

（3）表面上色：由于表面温度较高而形成表皮，同时由于糖的焦糖化和美拉德褐变反应，表皮色泽逐渐加深，但制品内部还较湿、口感发黏。

（4）内部烘透：随着热渗透和水分进一步蒸发，制品内部组织烤至最佳程度，既不粘牙也不发干，且表皮色泽和硬度适当。

在烘焙的前两个阶段不应打开炉门，以免影响制品的挺发、定型和体积胀大。进入第三阶段后，要注意表皮和底部的色泽，必要时适当调节面火和底火，防止色泽过深，甚至焦煳。

2. 烘焙温度

在保障产品质量的前提下，制品的烘烤应在尽可能高温和短时间内完成，温度高可以使制品得到较大体积和质量。以蛋糕为例，温度低将会导致浆料的过度扩张和气泡的过度膨胀，使制品气孔粗大质地不佳，而必然会延长烘焙时间，产品会因水分过分蒸发而发干。温度过高制品表面就会结壳，甚至烤焦而内部仍未熟透、蛋糕顶部突起太高、破裂，这是因为表面成型而内部仍在不断膨胀的结果。

（1）大小与厚度。热能经制品传递的主要方向是垂直而不是水平的，因此考虑的主要因素是厚度。较厚的制品如温度太高，表皮形成太快阻止热渗透，容易造成烘焙不足，因此要适当降低温度。总的来说，大而厚的制品比小而薄的制品选择的炉温要低。

（2）配料。油脂、糖、蛋、水果等配料在高温下容易烤焦或颜色过深，含这些配料越丰富温度应越低。

（3）表面装饰。表面有干果、糖、果仁等装饰性材料温度要低。

（4）蒸汽。炉内如有较多蒸汽存在，则可以允许制品在高一些炉温下烘烤。（制品越多蒸汽越多）

必须指出的是，资料中所有的温度与时间仅供参考，不能照搬，由于不同的烤炉，传热性能也不同，制作者要通过实践摸索出自己的烤炉，烘烤各类产品的确切时间和炉温。

3. 预热

当制品即将进炉时，炉温应达到所要求的额定温度，这样生产的制品质量才能得到保证，所以，烘烤前炉需要预热。电热式的温度升到200℃时要10～20 min，燃气式的根据气量压力大小来灵活掌握。

4. 烘焙时间与制品成熟鉴别

炉温越高，烘烤时间就越短；制品厚配料多、时间长，烘焙时间的长短与容器的材料、性能也有关。色泽深或无光泽的器皿，可以缩短时间；光亮的容器能反射辐射热能，从而减慢速度。色泽太深的缺点是制品顶部突出、色泽深且不均匀，对容易上色的制品不适合。

防止底部、上部色泽深可以采取一些保护措施，如盖纸、垫纸或双层烤盘、随时调节上下火等。

蛋糕最后成型的部分在顶部表皮下方 0.5～1cm 处。指尖轻压此处如下塌则未成熟，如有弹性则成熟。另一种鉴别方法是用一根细竹签从表皮中心插入，取出后未粘任何湿浆料则成熟，反之则未成熟。

第二章　蛋糕制作工艺

蛋糕是相对传统的西点，清蛋糕和油脂蛋糕是蛋糕中的两大基本类型，是各类蛋糕制作及品种变化的基础。

第一节　清蛋糕

一、特点和类型

海绵蛋糕因其结构类似于海绵而得名，国外又称泡沫蛋糕，国内称为清蛋糕。

海绵蛋糕一般不加油脂或加少量油脂，它充分利用鸡蛋的发泡性。与油脂蛋糕相比，具有更突出的、致密的气泡结构，质地松软而富有弹性。

海绵蛋糕按制作方法分类可以分为"全蛋法""分蛋法"（戚风类）两大类。

"全蛋法"搅打海绵蛋糕还有以下几种类型。

（1）蛋黄海绵：多加部分蛋黄。

（2）蛋白海绵：多加部分蛋白。

（3）虎皮、蛋糕皮：全部加蛋黄。

（4）天使海绵：全部加蛋白。

（5）奶油海绵：加入适当奶油或麦淇淋。

（6）乳化海绵：加入乳化发泡剂（S.P、蛋糕油）。

（7）卷筒海绵：又称瑞士卷，通过馅料、装饰料等方法变化出各种花式卷筒蛋糕。

二、原料和配方

1. 原料

（1）面粉：选用低筋面粉（蛋糕粉、月饼粉），其产品质地松软口感好，如无低筋面粉，可在中筋粉中掺入适量的淀粉来降低面筋含量。

（2）蛋：应选用新鲜鸡蛋，鲜鸡蛋较为浓稠，发泡性好，使蛋糕体积大、口感好。

（3）糖：应选用颗粒较细的白砂糖。

（4）其他原料：近年来，制作海绵类蛋糕流行加入适当的色拉油、甘油，可增加产品的滋润度，延长存货期。各类香精、颜色可变化出不同风味、类型的海绵蛋糕，此外，中低档蛋糕可加入少量泡打粉以协助膨松。

2. 配方

在海绵蛋糕的配方中，在一定的范围内，蛋的比例高，糕体越膨松质量越好。中高档海绵蛋糕几乎全靠蛋的发泡使制品膨松，产品气孔细密、口感风味良好。低档海绵蛋糕由于减少了蛋的用量，较多地依靠泡打粉、发泡剂及其他化学原料使制品膨松，因而制品气孔较大，质地粗糙、口感与风味较差。

海绵蛋糕的档次取决于蛋和面粉的比例，比值越高档次越高，一般比值如下：

（1）低档海绵蛋糕蛋粉比为 1：1（以上）。

（2）中档海绵蛋糕蛋粉比为 1：1～1：0.8。

（3）高档海绵蛋糕蛋粉比为 1：0.8（以下）。

糖的用量与面粉量相近，中低档海绵蛋糕用糖量略低于面粉，高档海绵蛋糕的糖用量等于或高于面粉量。但糖的用量不能超过面粉量的 125%，否则会影响蛋白质的凝结，不利于淀粉的糊化，这两方面均影响制品的成形。

三、制作工艺

1. 全蛋搅打法（全蛋法）

（1）器具必须洗净，若沾油将妨碍蛋液的起泡，（加 S.P 除外）温度以 25℃ 左右为宜，天冷时用"水浴法"搅打，但水温不能超过 40℃，将蛋糖搅打至糖溶化，并起发到一定稠度，光洁而发泡的乳膏，浆料起发程度的判断至关重要，否则会导致打发不足或打发过度，均直接影响到产品的外观、体积质量，打发程度一般从以下几点来判断。

①打发体积已接近最大体积，即体积不再增加。

②浆料呈白色膏状，十分细腻且有光泽。

③浆料已有一定硬度，搅头划过后能留下痕迹，短时间内不会消失。

（2）在慢速搅打状态下，加入色素、风味物、甘油、水等液体原料。

（3）加入筛过的面粉，用手混合，从底部往上捞，同时转动搅拌桶，混合至无面粉颗粒即止，操作要轻，以免弄破泡沫，且不要久拌，防止面筋化作用影响蛋糕质量。

（4）将浆料装入蛋糕听，表面抹平，烘烤厚料温度要低，时间也相对长，薄料则相反。

2. 分蛋搅打法（分蛋法）

分蛋法多用于中高档蛋糕的制作，先将蛋清、蛋黄分离，（正常的鸡蛋一般蛋白和蛋黄的比例是 2∶1 左右）搅打蛋清一定要注意不要沾油或蛋黄液，因为油脂的作用会破坏泡沫体系，蛋清液不易起发且泡沫结构不稳定。

蛋清用打蛋器搅打成乳白色厚糊至筷子插入不倒为止（呈鸡公尾状）。蛋黄与糖搅至糖溶化，倒入蛋白膏中，再倒入过筛的面粉，拌匀即可装听烘烤。

3. 戚风类搅拌法（一）

（1）蛋黄部分：水、糖、盐放入盆中，搅至糖溶化，加入色拉油混合，面粉和泡打粉（如果配方中有泡打粉）混合拌匀后过筛，加入油糖液中拌匀成糊状，并加入蛋黄慢速拌匀备用。

（2）蛋清部分：蛋清与塔塔粉（占蛋清量的 0.5%～1%）用高速搅打至发白，加入糖继续搅打至软峰状态。（峰尖略为下弯，即硬性发泡）

（3）蛋白膏与蛋黄膏混合：取 1/3 蛋白膏倒入蛋黄糊中搅匀，再倒入蛋白膏内慢慢拌匀即可。

（4）烘烤：戚风类蛋糕的烘焙温度一般比标准海绵类低。

厚坯：上火 180℃，下火 150℃。

薄坯：上火 200℃，下火 170℃。

烤熟后尽快出模，否则会引起收缩（戚风类模听，不需用抹油的模具）。

4. 戚风类搅拌法（二）

（1）蛋黄部分：蛋黄与糖打发至乳白色、细腻有光泽时，慢慢加入色拉油（一勺勺缓缓加入，边加边搅打）混成水包油型的乳液状（切忌水油分离），然后再加入牛奶或水，也采取慢加的方法，再把面粉及一些辅料过筛拌匀后加入轻轻拌匀待用。

（2）蛋清部分：参照戚风类搅拌法（一）。

5. 低档海绵蛋糕制作工艺

此法适用于蛋粉比在 0.8∶1 以下的配方，先将蛋和等量的糖搅打至有一定稠度（光洁而细腻的白色泡沫膏），然后将水（或奶）与等量的面粉及余下的糖、甘油调成糊状，再将蛋糊、面糊用手拌匀加入过筛的面粉（发粉与干性面粉混匀）混匀即可。

6. 乳化法（S.P）

一般海绵蛋糕的制作加入蛋糕油（S.P，发泡剂、乳化剂）便于工厂化生产，一般可在 5～10 min 完成蛋液的乳化发泡工序，特点是体积大气泡小，韧性好，抵制油脂的消泡作用强，减少糖用量，可多加水及面粉，成品不易发干、发硬，延长保鲜期。

（1）工艺一法。蛋液与糖用中速搅拌到糖溶化，加入蛋糕油与筛过的面粉用慢速混匀，然后改成高速打发，中途将水缓慢加入，继续搅打至接近最大体积时，转为慢速搅打，缓慢加入油脂混匀（配方中的化学原料提前加在水里混匀，泡打在干性粉中混匀）。

（2）工艺二法。蛋液与糖搅打至乳白发泡，加入蛋糕油高速搅打至接近最大体积（洁白细腻有光泽），加入面粉改为慢速拌匀，缓缓加入水等液体原料调成糊料（弹性好，细腻程度和韧性稍差）。

（3）工艺三法。蛋液与糖搅打至糖溶化，液体充满泡沫状即可，加入 S.P、糖油改为高速搅打，时间低于 5 min，然后再改成慢速搅打，再加入过筛的面粉（泡打提前加在干性粉中），混匀无面粉颗粒时，缓慢加入水、奶等液体原料，搅拌成细腻的糊浆待用。

将模具刷油预热，装料约占杯体的 2/3 进炉烘烤。

7. 天使蛋糕工艺制作

蛋白液打发时工具要清洁，不可沾油脂及蛋黄，蛋白加入塔塔粉高速搅打约 1 min 后加入糖，再打至湿性发泡状态，加入牛奶、香料拌匀，然后将过筛的面粉、盐加入拌匀即可。

温度 190℃，烤箱下层烘烤，表面破裂微焦、按有弹性即可出炉。

四、海绵蛋糕的质量与分析

（1）质地紧缩或粗糙：面粉面筋含量太高、搅打不足、面粉量多，混入面粉、油脂时，搅打时间长、速度快破坏了泡沫结构。

（2）表皮太厚、质地发干：面筋含量高、炉温低、搅打不足、面粉量多、烘烤时间太长。

（3）表面下塌或皱缩：搅打过度、蛋液或液体原料太多、糖太多、烘烤不足。

（4）表面不平：面粉质量差、面粉未混匀、搅打不足、浆料未抹平、炉温不均匀。

（5）产品松散不成型：糖太多、泡打量多、蛋糕油量多。

（6）瑞士卷发碎：面粉量多、浆料放置时间长、炉温低、烘烤时间过长。

五、制作海绵蛋糕时的注意事项

（1）烘烤蛋糕时，烤箱必须提前预热至额定温度才能将坯料进炉，否则烤出的产品松软度、弹性、体积将受到影响。

（2）搅打蛋液的工具必须洁净无油腻，如果沾有油脂性物质，蛋液发泡将受很大影响，影响质量和口感。

（3）鸡蛋液的起泡膨松主要依赖蛋白中的胚乳蛋白，而胚乳蛋白只有在高速搅打时，才能将大量的包裹空气形成气泡，使蛋糕的体积增大膨松，故在搅打时宜高速不宜低速。

（4）蛋液与糖搅打时宜选用高速，此乃胚乳蛋白的特性所需，然而加入脱脂淡奶或水之时，此时需要的是结构细致而不是体积，故需减速。

（5）制作蛋糕的糖浆（糖油），是糖与水按2：1比例煮沸至110℃起胶冷却即可（稀浆状态）。

（6）制作蛋糕一般使用低筋面粉，用低筋面粉无筋力，制作出来的蛋糕特别松软，体积膨大、表面平整，而且口感软糯。如无低筋面粉，加淀粉配制代替亦可。

（7）蛋糕乳化剂亦称S.P，能使蛋糕加快乳化，体积膨松，特别适合工厂化生产，但生产出来的蛋糕收缩比稍有增加，且口感、质感均不如分蛋法加工出来的蛋糕，故一定要按标准兑料。

（8）蛋糕出炉后一定要趁热覆盖在蛋糕板上，这样做有两点好处，一是蛋糕体离开热听模，水分不会更多地挥发保持蛋糕的湿度；二是外形还没有固定，翻扣过来可以利用糕体自身的重量，使糕体表面更趋平整。待蛋糕凉至不烫手时，尽量用台布盖上以保持湿度，这样糕体凉透后表面、内部都不会干燥。

（9）传统蛋糕的制作往往在有底的模具内壁涂油脂，这样做出的蛋糕边往往有颜色，且底部发黑，表皮质地也干燥，现今用蛋糕圈制作，只需垫纸替代涂油，做出的糕体颜色淡，节约成本。

（10）制作蛋糕所需的牛奶主要是增加营养价值、香味和软湿度。因蛋大小、壳厚薄不均，蛋液体积略有变化，糖本身的湿度也受季节、气候的影响，故加奶（水）量要酌情增加或减少。

（11）制作蛋糕拌粉有手拌和机拌两种，除蛋白蛋黄分打法以外，一般用手拌为好，这样不会有面粉颗粒且结构细腻，对气泡的稳定性也有好处。

（12）蛋糕烤熟、冷却，一直到使用才脱蛋糕圈、揭纸，以保持水分和不被风干为目的，脱模揭纸后，要尽快覆盖台布。戚风类稍有不同，要尽快脱模，否则收缩比增加。

（13）烘烤的温度取决于蛋糕内混合物的多少，混合物越多，温度越低，反之则高。时间越长，温度越低，反之则高。大蛋糕烘烤时间长，温度低，小蛋糕需温度高时间短，此乃变化规律，当牢记之。

（14）检验蛋糕是否熟透，可用手轻按中心，能弹起则说明产品已熟透，也可用竹签插入中心 2～3 cm 拔出，竹签干净无黏附物则说明已熟透。

（15）因蛋糕在乳化膨松时不能碰到油脂，故加在蛋糕内的牛奶均选用脱脂牛奶，以防止蛋糕倒塌（分离打法除外，也就是戚风类打法）。

（16）制作蛋糕时加盐的目的，是利用盐的渗透作用，使蛋糕膨松的结构增加稳定性和调节口味。

（17）卷筒蛋糕有两种卷法，一种是面在里，底在外，卷成后横切面形成一条金色的细线，效果极佳，另一种相反，这种适用于表面有装饰的卷筒蛋糕。

（18）酒浸水果的制法是将各类果脯倒入白兰地酒，以及一些朗姆酒和葡萄酒，以浸没水果为准，盖上盖贮存至少两周后使用，时间越长风味越佳。

（19）蛋糕听造型千变万化，可根据实际需要订购，模具高度一般 5 cm 左右。

（20）蛋糕的软硬程度，取决于具体要求，牛奶加得越多，糕体越松软，越少糕体越甘香，各有所长。

（21）有的烤箱没有上下火调控，为了避免这一问题对产品外形、质量造成的影响，可在产品八成熟时，在制品表面覆盖一张铝箔纸或白纸，以防止产品上色过深，避免外焦里不熟等产品质量问题。

第二节　油脂蛋糕

一、特点与类型

油脂蛋糕是一类在配方中加入较多固体油脂的蛋糕。其弹性和柔软度不及海绵蛋糕，但质地疏散、滋润，带有油脂特别是奶油的香味，油脂蛋糕具有较长的保存期。

仅以面、蛋、油、糖为基本原料制作的又叫作净油脂蛋糕，在净油脂配方基础上再加其他配料（如可可、杏仁等）又制成其他类型的油脂蛋糕。

二、原料与配方

1. 原料

（1）面粉：油脂蛋糕一般应采用低筋面粉，低档的油脂蛋糕膨松主要依赖化学膨松剂，这类蛋糕可用中筋面粉，中筋面粉又可用于含果料较多的水果蛋糕，防止果料下沉。

（2）油脂：高档油脂蛋糕使用的是优质奶油或麦淇淋，奶油能赋予制品良好的风味，但膨松性不足，为克服此缺点，可加入一定量的起酥油来代替部分奶油，油脂蛋糕一般不用猪油，因其膨松性和风味较差，不及奶油和忌廉。

（3）其他原料：糖用细砂糖比较好，牛奶可用奶粉代替，有的配方中还加有甘油，甘油具有很强的吸湿性，使蛋糕也具有较强的吸湿性，保持了松软的质地，延长货架期寿命。

2. 配方

油脂蛋糕的充气性和起酥性是形成产品组织及口感的主要原因。在一定范围内，油脂量越多，产品的口感等品质越好，即油脂、蛋含量高的档次主要取决于油脂的质量与数量，其次是蛋量。普通油脂蛋糕油脂量和蛋量一般不超过面粉量，油脂太多会使蛋糕松散不成型，而且太多不利于水油乳化。

高档油脂蛋糕中的面粉、油脂、糖、蛋的用量相等，即配方比为 1 : 1 : 1 : 1。

中档油脂蛋糕的基本原料用量如下（以面粉量为 100%）：

低筋粉为 100%

固体油脂为 60%～80%

糖为 70%～80%

蛋为 80%～90%

低档的蛋量和油脂量较少，配方中泡打粉的用量也较多，产品质量较粗糙。

三、油脂蛋糕的制作方法

油脂蛋糕的浆料调制主要有以下几种方法。

1. 糖油浆法

将油脂（奶油、麦淇淋）与糖一起搅打成淡黄色、膨松细腻的膏状，蛋液呈缓缓细流分次加入，每次加入须充分搅拌均匀才可加下一次，待奶油膏和蛋液充分乳化后，再将筛过的面粉轻轻地混入浆料中，混匀即止，注意不能有团块，不要过分搅拌以尽量减少面筋网络结构的形成。液体性原料（水、牛奶）此时可缓慢加入，如果有果脯料的配方，在此步加入，待原料混匀后即可装听烘焙。

注：所有干性原料与面粉一起过筛，色素、香精可加在液体原料中。

2. 粉油浆法

将油脂和等量的面粉（过筛）一起搅打成膨松的膏状。再将糖与蛋液搅打成发泡状态后，分次加入奶油膏中，每次加入须搅打均匀，然后将剩余的面粉加入浆料中混至光滑无团块的糊料，最后将液体原料、果脯加入混匀。

3. 混合法

将所有干性原料过筛（面、糖、奶粉、泡打粉）后，与油脂搅拌成面包渣状，注意不要过分搅拌至糊状。再将所有的湿性原料（蛋、水、奶、甘油）混合在一起，缓缓呈细流加入脂粉渣中，搅拌至光滑无团块的糊状即止。

4. 糖油、糖蛋法

该法是将糖分成两部分，一部分与油脂搅打，另一部分与蛋液搅打。

（1）将油脂和糖打发成乳膏状。

（2）糖、蛋打发（可加入约占面粉量3%的蛋糕油），再加入配方中一半量的面粉混合。

（3）将另一半面粉与糖蛋液交替加入油糖膏中，并用慢速混匀。

在制作过程中，机器操作应注意，凡属于搅打的过程宜采用中速，凡属于混合过程的宜采用低速，并须随时地将黏附在搅拌桶边、桶底、搅拌头上的浆料刮下，再让其参与搅拌，使浆料体系均匀。

以上四法以粉油浆法和糖油、糖蛋法制成的蛋糕质量最好，但操作过程稍复杂。混合法操作简便，适宜机器生产，配方高糖、高液体的蛋糕宜采用此法。糖油浆法是一种较为传统的油脂蛋糕生产工艺，既适宜机器也适宜手工生产。

除上述的全蛋搅打的糖油浆法外，蛋白、蛋黄部分还可以分开搅打（参照杏仁蛋糕制作工艺）。

调制好的浆料装入涂有油脂的模具中，并将表面抹平（装料约占杯体的80%）。

油脂蛋糕乳化越充分，组织越均匀，口感越好。油脂乳化不好易产生油水分离现象，此时浆料呈蛋花状，其原因是：油脂的乳化性能差；浆料温度过高或过低（最佳温度为21℃左右）；搅拌过程中液体原料加得太快，每次未充分搅拌均匀。为了改善油脂的乳化，加蛋液的同时可加入适当的蛋糕油（为面粉量的3%~5%）。

四、油脂蛋糕质量与分析

油脂蛋糕的质量要求是蛋糕顶部平坦或略有微突，表面呈均匀的金黄色，表面及内部的颗粒气孔细小而均匀，质地酥散、细腻、滋润，甜味适口，风味良好。

由于配方或操作不当，产品通常会出现以下质量问题。

（1）顶部或内部坍塌：原因是糖或油脂太多；泡打粉过多；加入面粉前搅打过度；烘焙不足；液体料太多。

（2）峰突（顶部突起太高或破裂）：原因是面粉含筋量过高；操作中产生的面筋化作用；炉温太高或炉内蒸汽不足。

（3）质地紧缩、粗糙不疏松：原因是加入面粉前搅打不足；糖或油脂用量不够；泡打粉太少。

第三章 面包制作工艺

人们将小麦粉或大麦粉加水揉合成面团，烤制成薄饼，这就是面包的雏形。后来机缘巧合下加入了啤酒发酵压榨后的发酵液，将面团发酵发明了发酵饼。为了使发酵面包更加美味，人们又加入了蜂蜜、羊奶、盐等。讲述面包的发酵历史，我们就要从制作面包的原料或食材说起。

如今面粉、酵母、水和食盐是制作面包不可缺少的食材，有了这四种主要食材，我们才能做出美味的发酵面包。而为了提升口感，使面包更加美味，就要向面团中加入调味食材，比如砂糖、油脂、乳制品、鸡蛋等。这些食材作为辅助食料可以使我们的面团发生各种各样的变化，增加特殊的口感。正是这些食材的存在使面包从硬邦邦、干巴巴，变得膨松柔软，口味丰富。

本章我们将要从介绍四种基本食材，以及这四种基本食材在面包制作过程中的作用开始，详细讲解食材、工序流程、操作手法等。

一、基本食材及作用

(一) 面粉的分类及作用

1. 面粉的分类

小麦粉，即面包粉，是制作面包、蛋糕等烘焙产品最基本的原料。甚至在大部分的产品中，小麦粉的性质对最终产品的呈现有着决定性的影响。

小麦粉的加工有着严密的制粉工艺，制粉工艺水平的高低与国家的经济发展水平有着直接的关系。欧美日法等发达国家面包的消费量高，所以面粉加工大型设备科技含量高。而发展中国家多使用中小型设备或单机，同时可以配合多种工艺流水线。所以各国的面粉质量有很大的不同。

目前国际烘焙市场上常用到以下几类面粉（如图 3-1 所示）。

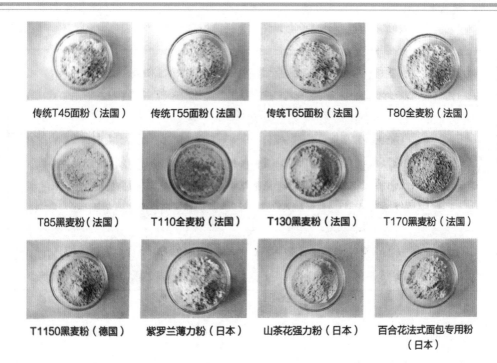

传统T45面粉（法国）　　传统T55面粉（法国）　　传统T65面粉（法国）　　T80全麦粉（法国）

T85黑麦粉（法国）　　T110全麦粉（法国）　　T130黑麦粉（法国）　　T170黑麦粉（法国）

T1150黑麦粉（德国）　　紫罗兰薄力粉（日本）　　山茶花强力粉（日本）　　百合花法式面包专用粉（日本）

图 3-1　国际几种面粉

（1）法国面粉

法国面粉小麦中蛋白含量为 11.5％～14.5％，矿物质含量为 0.35％～0.45％。

法国面粉的分类标准与矿物质含量有关，即灰分。

为了确定小麦中的矿物质含量，制粉业利用矿物质的不可燃性质，将一定量的面粉燃烧至高温，再称量残余灰烬的质量就称为灰分。

法国面粉通常以 T 开头，T 后的数字越低，说明面粉的精致度越高，面粉越白灰，粉和矿物质含量越低。反之，其后的数字越高说明面粉的精致度越低，面粉发灰，发黑，灰分和矿物质含量越高。通常来说，T 后的数字越高，面粉的颗粒越粗糙，吸水性越高。

表 3-1　法国面粉灰分比例及分类用途

种类	灰分比例（大致区间）	分类及用途
T45	＜0.50％	小麦粉，以制作糕点为主
T55	0.50％～0.6％	小麦粉，硬麦为主。可以制作面包及糕点
T65	0.62％～0.75％	小麦粉，面筋强度较高，多以制作面包为主

种类	灰分比例（大致区间）	分类及用途
T80	0.75%～0.90%	淡色全麦面粉
T110	1.00%～1.20%	全麦面粉
T150	＞1.4%	深色全麦面粉
T70	0.60%～1.00%	特淡色裸麦面粉（黑麦粉）
T85	0.75%～1.25%	淡色裸麦面粉（黑麦粉）
T130	1.20%～1.50%	深棕色裸麦面粉（黑麦粉）

（2）德国面粉

德国面粉的类型也是按照矿物质含量来划分的，同法国面粉类似。以 Type＋数字来进行标记和区分，数字高低与面粉精度无关，只代表矿物质含量的高低。

常见的德国面粉有 Type400、Type405、Type480、Type812、Type1050、Type1060、Type1150 等，前三种为德国的蛋糕制作粉，后几种常用于面包制作。其中，Type1050 和 Type1060 是全麦粉，而 Type1150 是黑裸麦粉。同法式面粉类似，Type 后面数字越大，矿物质含量越高，面粉颜色越深。

（3）日本面粉

日本也是面包消费量很高的一个国家。日本的面粉制作工艺也非常完善，而且日本的法律对包括面粉在内的很多农产品做出了详细的规定，包括基本特性和功能的要求。对面粉的精度、灰分、蛋白质等都有一定的要求。所以日本的配粉工艺非常的发达。

表 3-2　日本面粉灰分比例及分类用途

种类	灰分比例（大致区间）	蛋白质含量	分类及用途
紫罗兰牌小麦粉	0.3%±0.03%	8.1%±0.5%	适用于蛋糕，点心等产品
山茶花牌小麦粉	0.37%±0.03%	11.8%±0.5%	适用于吐司面包，餐包等软质面包产品

续表

种类	灰分比例 （大致区间）	蛋白质含量	分类及用途
百合花牌 小麦粉	0.45％±0.03％	10.7％±0.5％	适用于欧式面包，全麦面包，酵种等制作

（4）国产面粉

由于我国面包行业起步晚，消费量较其他国家相对较低。所以国产面粉整体来说存在的问题比较多。比如吸水量、蛋白质含量不稳定等。由于我国小麦的品质与欧美国家的小麦品质有所不同，导致国产小麦粉的支撑力不够。但随着近年来面包市场的不断扩大，国产面粉的质量在稳步上升。一般来说，我国把小麦粉按照蛋白质含量的多少，分为高筋面粉、中筋面粉、低筋面粉。

表3-3　中国面粉蛋白质含量及分类用途

种类	蛋白质含量（大致区间）	分类及用途
高筋面粉	11.5％～14.5％	适用于面包的制作
中筋面粉	8.5％～14.5％	适用于中式面点的制作
低筋面粉	6.5％～8.5％	适用于蛋糕、点心等产品

2. 面粉的作用

（1）小麦粉中特有的蛋白质，即麦谷蛋白和麦胶蛋白，与水混合时用力搅拌就能产生面筋，面筋经过加热之后发生固化，像建房子时的柱子一样，支撑起整个建筑物，成为面包的骨架。

（2）而小麦粉中的淀粉吸水后变得膨润、糊化，在加热的过程中发生凝固。成为填补建筑物中柱子与柱子之间空隙的墙壁，包裹住气体不让它外泄。这样一个完整的面包就烤制出来了。

（二）酵母的认识及分类

1. 酵母

酵母是一种天然的生物膨松剂。它广泛分布于自然界中，是一种异氧兼性厌氧微生物。所以它在有氧和无氧的条件下都能够存活，是一种天然的发酵剂。它主要是以糖类为食，产生二氧化碳气体从而使面包膨胀。

由于酵母是一种活性微生物，所以它非常害怕高渗透压，在面包制作的过程中，虽然它以糖类为食，并不是说糖类越多，酵母发酵得就越快。而且需要注意的是，酵母要与糖类、盐类分开放置。否则高渗透压会抑制酵母的生长。

在无氧的环境下，酵母会产生酒精和乳酸等副产物，这会使面包拥有更加丰富的口感。但在有氧的环境下酵母发酵的速度是无氧环境下的 3 倍。所以我们可以通过调整酵母有氧发酵和无氧发酵来控制产品最终的呈现。

2. 常见的酵母可以分为以下几类

（1）鲜酵母

鲜酵母是使用最广的一类酵母，它具有很强的渗透耐压性，即使面团中糖含量很高，其细胞结构也不容易被破坏。适用于点心、面包等软质面包的制作。但是鲜酵母保质期较短，储存不是特别方便。从制造日期起，冷藏保存约一个月，开封后需要尽快使用完。每克鲜酵母含有 100 亿个以上的酵母菌。

（2）干酵母

干酵母是一种耐渗透压较弱的酵母，在发酵过程中能够产生一种独特的香味。适用于制作法式面包等硬质面包。它的优点在于保质期长，储存条件不苛刻。未开封的情况下可以存放两年，开封后只需存放于阴凉处尽快使用完毕。

但干酵母在使用前需要用溶解 1/5 的砂糖和 5 倍温水（约 40℃）进行激活搅拌。搅拌后放置 10～15 min 自然发酵再使用。

（3）高活性酵母

这是一种将酵母菌培养液经过低温干燥处理后制成的颗粒状酵母。高活性酵母一般密封于真空袋常温保存。未开封时可保存两年，开封后要密封冷藏保存，尽快使用。

高活性酵母一般使用鲜酵母一半以下的用量就可以达到它的发酵活性。可以直接混入面粉中使用，也可以溶解于水中使用。适合各类面包的制作。

（三）盐和水

1. 盐

面包制作过程中使用盐的量可能不算多，但是盐对于面包制作具有非常关键的作用。面包制作过程中可以没有糖，但是不能没有盐。所以面粉、酵母、水和盐称为制作面包的四大基本材料。

盐在面包中的作用有以下三点：

（1）盐被称为"百味之源"，不但可以为面包增加咸味，也可以更好地衬托出其他食材的风味。

（2）盐有助于增强面筋网络结构，增强面筋弹性。在对面团内部结构产生影响的同时，也能够改善面包形成时的内部颜色，使内部颜色更加洁白。

（3）盐对酵母等微生物具有一定的抗菌作用，成为面团发酵的天然控制器，也可以抑制其他杂菌的生长。

2. 水

考虑到成本问题，制作面包时使用的水一般为自来水。但从理论上来讲，长期饮用矿泉水和纯净水都不利于身体健康。

水在面包中起到的作用有以下三点：

（1）小麦中的蛋白质吸收水分后会形成面筋，是支撑面包整体的一个支架。

（2）加热时水分会被淀粉吸收，促进淀粉糊化。形成面包中包裹气体的墙壁。

（3）水和水溶性食材相结合变成结合水。对比游离水的状态，结合水不容易从面包中分离出来，从而可以保持面包的湿度。

二、制作面包的工序流程

面包制作有很多工序，但是实际制作过程中除了制作工序本身以外，还包括各制作工序之间的停顿时间。虽然面包的种类有很多，但是对面团的制作工序却大同小异。

目前市面上流行的制作工序可以分为两种：一种是直接法，另一种是二次发酵法。虽说它称为二次发酵法，但其实它是以搅拌次数来计算的。

直接法与二次发酵法工序流程图全解析（如图3-2、图3-3所示）。

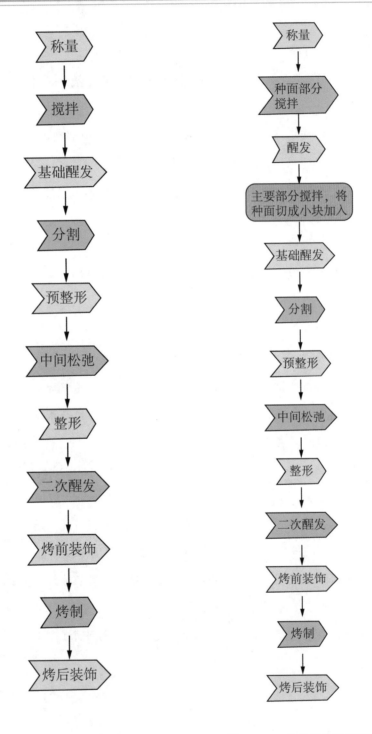

图 3-2　直接法工艺流程图　　　　　　图 3-3　二次发酵法工艺流程图

1. 搅拌

搅拌是将水、面粉等制作面团的材料放入搅拌器中，利用打面机将食材搅拌在一起制作成面团的过程。面团的搅拌是面包制作中的重点，也是难点。在学习的过程中需要反复地操作，反复地观察才能够完全掌握。根据面团的搅拌情况可以分为以下三个阶段。

第一阶段：材料的混合。将制作面团的各种食材搅拌均匀，使其均匀分布。将砂糖、食盐等溶解后附着在面粉上。需要注意的是，在有些情况下，需要运用后盐法或后酵母法。

第二阶段：加水和面。水被面粉吸收后就变成了结合水，同时也吸附其他食材。在此阶段，需要注意的是，水温的调节与计算。从而控制面团出缸的温度。在后面的过程中将会详细介绍。

第三阶段：面筋组织的形成。随着搅拌的进行，面筋组织也慢慢地形成了。面筋形成分为四个部分，面筋的形成阶段、面筋的扩展阶段、面筋的完成阶段、面筋的水化阶段。

在面筋的形成阶段，整个面团没有劲性，面团表面粗糙。一般情况下，采用快速的搅打，让面筋快速地形成。

面筋的扩展阶段，面团整体呈光滑状态。可以用手拉出较厚的膜，膜破损的地方会出现锯齿状。此时一般来说是加入黄油的时候。

面筋的完成阶段是指面筋已经完全搅拌完毕。可以拉出比较好的手套膜，拉扯时面团具有较好的弹性。此时是制作面包的最佳时期。

面筋的水化阶段是指搅打过度使面筋完全锻炼，面筋已经无法起到支撑作用。此时的面团无法包裹气体，无法进行发酵，用手拿起面团，面团在重力的作用下会向下流。

注意事项：

（1）在搅拌的过程中，首先需要注意观察每一个搅拌的阶段。能够熟练地判断是否已经到达这个阶段，这是需要长期积累的一个过程。

（2）由于每一款面粉的不同，面粉的吸水性有着很大的差异。再加上气候、湿度、环境等原因，在搅拌的过程中一般要留10%的预留水，来调整面团软硬，所以一般加材料的顺序是先将干性材料混合均匀，再加入其他湿性材料，然后再加入水。如果需要用到鲜酵母，那么鲜酵母就是最后加入到面团中的。

（3）不同种类的面包搅拌的过程也是有很大的差别。但是判断面筋的程度是一样的。所以还是要多加练习才能够熟练判断面筋的程度。

（4）根据季节的不同需要对水温进行调整。以免面团出缸时温度过高，影响后续发酵。

2. 发酵

发酵是指将搅拌之后形成的面团发酵，使其膨胀的过程中，面团中的酵母在适宜的温度条件下开始发酵，变得活跃。将面团中的碳水化合物糖类分解成酒精并释放出二氧化碳。

一般情况下，面包的制作需要进行两次发酵。

（1）基础发酵

基础发酵是在面团搅拌完成之后，将面团表面整理光滑，直接放入醒发箱进行的发酵。也叫地板发酵。因为过去很长一段时间，人们习惯将面团放在温暖的地面上进行发酵。

如今随着科技的进步，我们可以非常精准地掌握面团发酵的环境。酵母菌以及其他菌种的生长对温度十分敏感。醋酸菌和乳酸菌适宜生长的温度为 35～38℃。这两种菌对面包的风味影响较大，为了避免温度达到这一区间，并且使温度达到适合酵母菌生长的温度。一般来说，理想的发酵温度要控制在 26～28℃。

同时面包发酵过程中也需要注意相对湿度，如果湿度过低，面团表面水分蒸发而干燥结皮，也会影响酵母的膨胀，对产品的外观产生影响。一般情况下，相对湿度要保持在 70%～80%。

那么基础发酵怎么来判断是否完成？

检查面团发酵是否完成，可以采用比较简单的手触法：用手轻轻按压面团，在面团上形成一个小孔，手指离开，观察面团的状态。如图 3-4～图 3-6 所示。

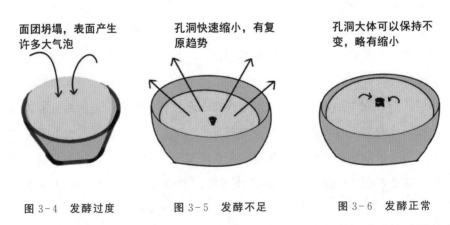

图 3-4 发酵过度　　　　图 3-5 发酵不足　　　　图 3-6 发酵正常

除此之外，还可以轻轻拍一拍面团，如果听到"砰砰砰"的类似西瓜熟透了的声音，面团上留有的指印会很快回弹，也可以简单地来确认发酵正常。另外，还可以通过闻来确认，如果面团发酵略带一点酸味，且不刺激，不浓郁，说明发酵程度刚刚好。如果面团没有酸味，那么就证明发酵不足，还需要进一步发酵。

（2）最终发酵（二次发酵）

最终发酵是面团在烘烤之前的最后一次发酵，面团在经过整形之后已经具备一定的形状，最终发酵可以使面团内部因为整形而产生的紧张状态得到松弛。使面筋组织得到进一步增强，改善面团内部结构，使组织分布更加均匀疏松。同时最终发酵可以帮助面团进行进一步的积累，发酵产物，丰富产品的口感。

与基础醒发类似，最终发酵时同样需要考虑面团所处的温度和湿度，需要注意的是，含油量大的面团对发酵温度有一定的控制，否则过高的温度会融化面团中的油脂。

注意事项：

①要根据基础发酵的结果调整最终发酵。最终发酵是面团进入烤炉之前最后的发酵阶段，所以对面团烘烤成型后的内部组织结构等有着非常大的影响。如果前期的基础发酵进行得不够充足，那么就可以在最终发酵阶段延长发酵时间，使内部组织达到合理的状态。如果前期发酵过度，那么后期就无法进行制作了，可以用于老面的制作。

②根据面筋的状态调整最终发酵。面筋的状态主要取决于材料以及搅拌，其次，发酵可以对面筋的状态进行补充和加强，最终发酵就是面筋的最后一关。要对面团整体的弹性、延展性、韧性等做最终的调整。如果面筋较强，面团醒发不充分，后期膨胀很可能不成功，导致产品体积偏小。如果面筋结构较差，醒发不充分，那么在烘烤的过程中可能产生破裂。所以最终发酵需要根据面筋的程度来进行调整。

3. 分割与预整形

分割是指将已经完成基础发酵的面团，按照一定的重量分割成所需要的小面团。预整形是根据最终产品的形状，将分割好的小面团整理好方便整形的操作。

一般情况下，预整形只要进行揉圆就好。但是根据产品的不同，也有不同的预整形方法。比如法棍要将分割好的面团整理成短棍状态。预整形的目的在于，使面团表面的面筋组织更加的紧实，使面团向任何方向都有一定的伸缩性。

面团整形最重要的是要迅速，让面团在自己的手中时间越短越好。这一过程拍打技巧很重要。也要根据最终成型的状态来调整揉圆时的松紧。

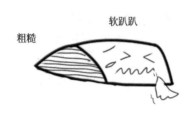

图 3-7　分割后的面团　　　　　图 3-8　揉圆后的面团

4. 中间松弛

中间松弛是将预整形后的面团常温放置，使其恢复自身的柔软性和延展性。主要原因是在于预整形后的面团弹性和恢复力都比较的强，很难成型。停顿一段时间让面团发酵，使原本紧张的面筋在此松弛。

5. 面包的整形

一般来说，基本的整形形状有球形、橄榄形、辫子形、条形、卷形、圆形、棒状等，其他形状几乎都是这几种形状的变形。所以在练习的过程中要着重将这几种基础形状基本功练习好。

面包的整形方式有很多，常用的手法如滚、搓、捏、擀、拉、折叠、卷、切、割等。

6. 烘烤熟制

烘烤熟制一般是面包制作过程中的最后一个阶段。根据面包的形状、重量以及面团的种类不同，烘烤条件也会呈现一定的变化。

一般情况下，面包的烘烤温度为 180～240℃，烘烤时间为 10～15 min。

以软面包为例，一般来说 60g 以下的面包烘烤时间为 8～12 min，温度在 180℃ 左右。80～200g 的面包，一般来说烘烤时间为 12～15 min，温度在 180℃ 左右。而吐司面包重量一般在 450～900g，烘烤时间一般在 30～45 min，温度在 180～200℃。

可以看出烘烤的时间是由面包的重量来决定的。而烘烤的温度则是由面包的种类来决定。

比如法式面包，一般烘烤温度在 220～240℃，因为法式面包一般属于无糖、无油面包，无法发生非酶褐变反应，所以上色缓慢，需要的温度更高。

7. 出炉

　　烤好的面包一定要尽快从烤箱中取出，将其放于冷却装置上，如果长时间放在烤盘上，面包的底部和烤盘中间就会有蒸汽聚集，会使面包底部变湿，发生泡涨的情况，影响面包的美观和口感。主食面包等用模具烤制的面包在出炉后，一定要先击打几下模具，这样面包就很容易与模具分开了，然后从模具中取出面包，转移到冷却装置上，防止面包粘连模具。等面包冷却后，就可以根据需要进行烤后装饰了。

第四章　混酥类制作工艺

一、简介

混酥又称为油酥或松酥：主要类型有派（Pie）和塔（Tart）。派俗称馅饼，有单皮派和双皮派之分。塔是欧洲人对派的称呼，比较两种的用途，派多指双层皮派、形状较大，多切成块状，塔多指单皮比较小型的"馅饼"，形状有圆形、椭圆形、船形、长方形等。

二、混酥面团制品的制作工艺

1. 混酥面团制品制作的基本知识

混酥面团一般由面粉、油脂、糖、鸡蛋及适量的化学膨松剂等原料调制而成的面团。混酥面团多糖、多油脂，少量鸡蛋，一般不加水（或加入极少量的水），面团较为松散，无层次、无弹性和韧性，但具有酥松性，如甘露酥、开口笑等品种。

2. 混酥面团的成团原理

混酥面团的酥松，主要是由面团中的面粉和油脂等原料的性质决定的。油脂本身是一种胶性物质，具有一定的黏性和表面张力，面团中加入油脂后面粉颗粒被油脂包围，并牢牢地与油脂粘在一起，阻碍了面粉吸水，从而限制了面筋的生成。面团中加入糖，糖具有吸水性会使其迅速地夺走面团中的水分，从而也限制了面筋的生成。生成的面筋越少制品就越酥松，同时在调制面团过程中油脂会结合大量空气，当生胚加热时气体受热膨胀，使制品体积膨大、酥松并呈现多孔结构。调制混酥面团时常常添加适量的化学膨松剂，如小苏打、泡打粉、臭粉等，借助膨松剂受热产生的气体来补充面团中气体含量的不足，增大制品的酥松性。这就是混酥面团的成团原理。

3. 混酥面团的调制方法

一般多采用油糖调制法，具体方法是，面粉过筛置于案板上开窝（较大），加入糖、油进行搅拌至糖融化，分次加入鸡蛋，搅拌均匀，用堆叠法调制成团。如有化学膨松剂加入，方法参考化学膨松面团的调制方法。

4. 混酥面团的调制要点

（1）面粉多选用低筋粉，这样形成的面筋少，增加制品的酥松性。

（2）调制面团时应将油、糖、蛋等充分乳化再拌入面粉和成团，乳化得越充分，形成的面团越细腻柔软。

（3）调制面团时速度要快，多采用堆叠法成团，尽量避免揉制，以减少面筋的生成。

（4）和好的面团不宜久放，否则生筋、出油影响成品质量。

第五章

清酥类制作工艺

一、清酥类制品的概念

清酥类制品也称为起酥类或开面类制品，有时也称为帕夫酥皮点心，简称帕夫点心。它是由水油面团包裹油脂或油脂中掺入少量的面粉擦制而成的油酥面团，再经过反复擀制、折叠、冷冻等操作程序，形成一层面与一层油交替排列的多层次结构的酥皮，再经过包馅、成型所制成的一类分层的酥点心。

二、清酥类制品的原料选择

清酥类制品的制作难度较大，技术要求较高，操作工艺比较复杂，要制作出品质优良的清酥类制品，除了掌握一定的专业技术和实践经验外，还必须掌握原料的选择，制品的成形、烘烤等知识。

清酥类制品所用的主要原料有面粉、油脂和水三种主要原料，除此之外，还有少量的鸡蛋和糖，以此来调节产品的色泽，增加香味和酥松程度。

（一）面粉

面粉是制作清酥类制品的主要原料，一般选用蛋白质含量为 10％～12％ 的中高筋粉。因为清酥点心在制作过程中，面团需要包入面粉量的 50％～100％ 的高熔点油脂，如果面粉筋力不够，在起酥过程中容易出现破酥和漏酥现象，不利于包裹气体，造成制品层次不清晰，体积不够膨胀，影响产品质量的松酥程度。如果筋力太强，起酥时容易收缩变形。如果没有合适的中高筋面粉，可在高筋面粉中加入部分低筋面粉（20％左右），以达到制品对面粉筋度的要求。

（二）油脂

油脂是制作清酥类制品的又一种主要原料。清酥类点心所用的油脂分为两部分：一部分油脂是用来调制水油面团的，其用量为面粉量的 5％～20％。这部分油脂可采用一般的固态油脂，其准确用量视具体品种而定，一般来说，用油量相对多些，产品口感较酥松而体积较小；反之，用油量相对少些，产品口感较脆，而体积较大。油脂在面团中的作用是润滑面团，使面皮柔顺酥软，减弱过强的面团筋力，有利于起酥操作。另一部分油脂是包入水油面团内用来隔离面皮，形成一层面与一层油交替排列的多层次结构。这部分油脂对产品的质量影响很大，要求也较高。首先油脂的熔点要高，要达到 44℃ 左右。如果熔点过低，在起酥过程中容易软化而造成破酥和漏酥现象，产品烘烤时面皮就会失去包裹气体的能力，无法避免大量气体外泄，致使产品不膨松，体积增大不理想。其次，油脂的可塑性要好，也就是油脂的软硬度要适中，在起酥过程中，才容易擀制、折叠、便于操作。再次，油脂的含水量不应超过 18％。因为所用的油脂中含有适量的水分，产品在烘烤过程中水分汽化，形成水蒸气，促使产品体积膨胀。但如果水分太多，其水分在烘烤过程中无法全部蒸发而残留在产品中，致使产品不酥松，影响口感。一般来说，包入用油脂可选择点心用的人造黄油和酥油，也可选择专用起酥油和麦淇淋，最好选择片状起酥油。

（三）水

水是制作清酥类制品的又一种主要原料。水可以调节面团的软硬度，使面筋充分扩展，使面团具有良好的延伸性、韧性和弹性。其用水量为面粉量的 50％～55％，通常用冷水。

（四）食盐

食盐是一种重要的调味剂，可以增加产品的风味。制作清酥类制品时，水油面团中往往加入少量的食盐，一般用盐量为面粉量的 1.5％～1.8％。但如果包入用油脂中本身含有盐分，少油面团中就不必添加盐，以免产品口味过咸。

（五）白砂糖

制作清酥类制品时，往往加入少量的白砂糖，以增加产品的甜味和色泽。其用量为面粉量的 3％～5％。

（六）鸡蛋

鸡蛋可以增加产品的色泽和香味。清酥类制品，面团一般不用鸡蛋，鸡蛋一般用于烘烤前刷上产品表面，以增加产品的表面色泽，使产品表面色泽金黄光亮，达到美化产品的作用。

三、清酥类制品的特点

产品具有色泽金黄光亮，层次丰富清晰，体积膨大，口味酥松香甜的特点。

四、清酥类制品的起酥原理

清酥类面团是由两块不同质地的面团组成的，一块是由面粉、水及少量油脂调制而成的水油面团；另一块是油脂或油脂中掺入少量的面粉擦制而成的油酥面团，再经过反复擀制、折叠、冷冻等操作程序，从而形成一层面与一层油交替排列的多层次结构的酥皮。当生胚进炉烘烤，生胚中的水分受热膨胀产生水蒸气，这种水蒸气形成的压力使各层开始膨胀，烘烤温度越高，水蒸气的压力越大，而湿面筋所受的膨胀力越大，随着温度的不断渗透，面皮一层一层逐渐胀大，随着烘烤的继续，时间的加长，生胚中的水分不断蒸发并逐渐形成一层层酥脆的面皮结构。

五、清酥类制品的原料配比

一般清酥类制品的原料配比有三种：100％油脂法、75％油脂法和50％油脂法。其基本配方及产品特点如下。

1.100％油脂法

是指配方中的所用油脂量与面粉量相等，也称为全帕夫。

配方：高筋面粉100％、油脂100％、食盐1.8％、水50％（其中包入用油脂88％）。

此配方制作出的产品体积膨大，酥层丰富，主要适用于对酥层要求高的制品，如叉烧千层酥、蓝莓巴地、水果伏尔圈等产品。

2.75％油脂法

是指配方中的油脂量为面粉量的75％，也称为3/4帕夫。

配方：高筋面粉100％、油脂75％、食盐1.8％、水53％（其中包入用油脂66％）。

此配方制作出的产品体积和酥层适中，主要适用于对酥层要求较高的制品，如帕夫酥皮蛋挞、蝴蝶酥、德式水果排、帕夫苹果排、椰蓉酥夹等产品。

3.50％油脂法

是指配方中的油脂量为面粉量的50％，也称为半帕夫。

配方：高筋面粉100％、油脂50％、食盐1.8％、水55％（其中包入用油脂43％）。

此配方制作出的产品体积较小，酥层不够丰富，主要适用于对酥层要求不高的制品，如雪花奶油筒、芳顿扭纹酥、花生酥条、芝士酥条等产品。

六、工艺流程

清酥类制品的制作过程一般需经过以下工序：

调制水油面团—整形冰冻—调制油酥面团—整形冰硬—包油—擀制、折叠（反复2～3次）—成型—刷蛋液—烘烤—成品。

七、制作方法

1. 调制水油面团

根据面团调制量的大小可分为手工调制和机械调制两种。

（1）手工调制：先将面粉过筛，放在案台围一塘坑，中间放入食盐、油脂、水搅拌均匀，反复揉匀透至面团光滑，整形冰冻待用。

（2）机械调制：将过筛的面粉、食盐、油脂放入搅拌机中，慢速搅拌均匀，加入水改用中速搅拌至面团光滑。取出，放在案台上分割，整形冰冻待用。

2. 调制油酥面团

如用片状酥油则不用调制，而用黄奶油或酥油，应将油脂和少量的面粉擦匀擦透至细滑，然后整形冰冻之硬待用。

3. 包油

包油方法主要有英式包油法、法式包油法、对折法和苏格兰法四种，其中以英式包油法和法式包油法较为常用。

（1）英式包油法。将水油面团擀成长方形皮料，再将油酥面团擀成宽与水油面团相同，长为水油面团的2/3的面团，再将油酥面团重叠在水油面皮上，并盖住面皮的2/3，将未盖有油酥面团的面皮往中间折叠，再将盖有油酥面团的面皮对折，最后形成一层面与一层油交替重叠的五层结构，其中水油面三层，油酥面二层。

（2）法式包油法。将水油面团擀成正方形，四角稍薄些，再将油酥面团擀成比水油面团稍小的正方形，然后放在水油面皮上，再将未盖有油酥面团的水油面皮往中间折叠，完全包住油酥面团，最后形成两层面与一层油重叠的三层结构。

（3）对折法。将水油面团擀成长方形，再将油酥面团擀成水油面团的一半大，然后将油酥面团放在水油面皮的一半上，对折起来，包住油酥面团，最后将边沿捏严。

（4）苏格兰法。将水油面皮所用的油脂与面粉一起搓擦成碎屑，再将油酥面团分成小块，与碎屑混合，然后加水复叠成面团即可。此法所制成的制品，层次差，无规则，故又称为粗帕夫。

4. 擀制折叠

主要方法有四次三折法和三次四折法等。

（1）四次三折法（适用于英式包油法）。将擀成长方形的面团，沿长边分成三等份，边沿的二等份，分别向中间对折成长方形，呈三折状，放入冰柜冰冻 20～30 min，再进行第二次擀制、折叠，如此反复四次即可。

（2）三次四折法（适用于法式包油法）。其折叠法类似于折叠被子，即将擀成长方形的面团，沿长边分成四等份，边沿的二等份，分别折至中线处，在沿中线对折成长方形，呈四折状，放入冰柜冰冻 20～30 min，然后进行第二次擀制、折叠，如此反复三次即可。

5. 成形

成形就是将起酥好的酥皮，根据所作制品的要求，最后擀成一定的厚度，然后进行分割、成形。

6. 烘烤

烘烤清酥类制品，生胚入炉烘烤时，炉温以面火 220℃，底火 220℃ 为宜，当生胚膨胀后，改用面火 180℃，底火 160℃，烘烤至产品表面色泽呈金黄色，熟透取出即成。

八、注意问题

（1）正确选择原料。面粉应用中高筋面粉，油脂宜用熔点较高的油脂。

（2）起酥时水油面团应与油酥面团的硬度一致，油酥面团过软或过硬，都易出现破酥和漏酥现象，影响产品的质量。

（3）手工起酥时，擀制面胚，用力要均匀，避免破酥。

（4）分割面胚时，所用刀要锋利，以免层次受影响。

（5）生胚刷蛋液时，不能将蛋液滴落在生胚边沿，以免层次受影响。

（6）根据具体品种，掌握好烘烤的炉温和时间。

（7）在烘烤过程中，不能随意打开烤炉，以免影响产品起发。

（8）烘烤时一定要烤熟烤透，以免产品收缩变形。以手触摸产品边沿时，感觉坚实脆硬为准。

第六章 气鼓类制作工艺

一、泡芙的起发原理

泡芙的起发主要由面糊中各种原料及特殊的混合方法决定的。其基本用料有油脂、面粉、水、鸡蛋。

油脂：①油溶性和柔软性，使面糊有松软的品质，增强面粉的混合性。②起酥性，使烘焙的泡芙表面具有松脆的特点。

面粉：淀粉在90℃以上时，吸水膨大，糊化，产生黏性，使泡芙面糊粘连，形成泡芙的骨架。

水：泡芙面糊需要足够的水分，才能使泡芙面糊在烘烤过程中产生足够的水蒸气，使制品膨大中空。

鸡蛋：蛋白质使面团具有延伸性，当产生气体时能使泡芙面糊增大体积。蛋黄还具有乳化性，可以使面糊变得柔软光滑。

二、泡芙的制作过程

（1）烫面将水或牛奶、黄油、盐一起放入锅内，上火煮沸，使黄油全部融化。倒入过筛的面粉，用勺或木铲不停搅拌，随后改用微火一边加热一边搅拌，直至面团烫好。

（2）搅面烫熟的面团冷却后放入搅拌缸内，用叶片状搅拌头搅拌（中速），分次加入鸡蛋，每次加入蛋液应与面糊全部搅拌均匀，然后再次加入新的蛋液，直至形成稀稠合适的面糊为止。

检验面糊稠度的方法：用木铲将面糊挑起，若面糊缓缓均匀地往下流即为搅拌适度，若面糊流得过快说明面糊较稀，相反说明鸡蛋的量不够。

（3）泡芙成型的好坏直接影响制品的品质，其成型的方法一般为挤注法。

①准备好干净的烤盘，在烤盘上刷上一层薄薄的油脂，再撒上一层薄薄的面粉，以免挤糊时打滑。

②将调好的泡芙面糊装入带有花嘴的裱花袋内，根据制品需要的形状、大小将泡芙面糊挤注到烤盘上。一般形状有圆形、长条形、圆圈形、椭圆形等。

（4）成熟一般可烤制或炸制。

①烤制：温度一般在 220℃/180℃，时间 15～25 min，前段保证炉温达到要求温度，避免打开烤箱门减低温度而影响泡芙的胀发以及表面过于干硬。后段时间，制品上色定型后，调低炉温，使水分完全蒸发，烤至制品表皮形成酥脆的特点。

②油炸：泡芙面糊用金属勺子蘸上油挖成球形，或用裱花袋加工成圆形或长条形，放入六七成热的油锅里炸制。温度过高外焦内生，温度过低不易起发、不易上色。

（5）装饰填馅：一般使用鲜奶油装饰。菠萝皮（成熟前）、糖粉、巧克力。

三、制作要领

（1）烫面时要使面粉完全烫熟、烫透，防止糊锅底。

（2）面粉必须过筛，使面粉中没有干的面粉颗粒。

（3）烫制面粉时，要充分搅拌均匀，不能留有干的面粉颗粒。

（4）待面糊稍冷后加入鸡蛋，而且每次加入鸡蛋必须搅拌至全部融面糊后再加入下一次的蛋液。

（5）挤注时要求生胚大小一致，在烤盘内摆放时要均匀，且生胚之间要有一定距离，防止成熟后粘连。注意不可以多次裱注同一生胚。

（6）在烤制过程中，特别是前阶段不可打开烤箱门。

第七章 饼干类制作工艺

"饼干"一词来自拉丁语 Panisbisoctus，指经过两次烘制的面包，也指远自欧洲中世纪以来为船员制作的干面包片。面团烘烤后在另一个温度较低的烘炉中烘干。早期的烤炉都烧煤，但是移动式烤炉首先使用过热蒸汽通过管道沿炉长运行进行加热。最早的一些饼干采取低脂低糖薄脆饼干的形式。原料的可和性及其处理对工业的发展有很大的影响。在实现简单饼干的机械化生产后不久，装饰和二次加工的机械化也实现了。1903 年产生了最高的巧克力涂层饼干。饼干在早期用桶或白铁罐包装，食品店再将其分装在纸袋里，因此其新鲜度是一个问题。后来采用了方便的大小合适的包装，结果销量猛增。包装薄膜大多用蜡纸，防水性不是很好。包装为手工包装。饼干生产是食品工业中最早实现机械化的，由于减少了所需劳动力，加快了生产过程，饼干生产取得有效连续的进步。

一、饼干的分类

根据工艺的特点，对饼干的分类有两种方法：首先是以原料的配比来分，有粗饼干、韧性饼干、酥性饼干、甜酥性饼干和发酵（苏打）饼干；其次是以产品的结构和造型来分，有冲印饼干、辊印饼干、辊切饼干、挤压饼干、挤条饼干和挤浆饼干、挤花饼干等。目前，我国已对饼干分类制定了一个统一的标准，具体分类如下：

1. 酥性饼干

以小麦粉、糖、油脂为主要原料，加入膨松剂和其他辅料，经冷粉工艺调粉、辊印或辊切成形，烘焙而成的造型多为凸花；断面结构呈多孔组织，口感疏松的焙烤食品。酥性饼干配方中的油、糖比一般为 1：（1.35～2），因为其要求有较高的膨胀率，一般应用强力粉。

此类产品与其他产品的区别在于其面团缺乏延伸性和弹性。小麦粉或其他一些谷类粉料是主要原料，面团中所含脂肪和糖溶液的数量使面团产生可塑性和黏结性，形成最少的面筋网络。酥性配方中脂肪和糖的数量相对较高。

2. 韧性饼干

以小麦粉、糖、油脂为主要原料，加入膨松剂、改良剂及其他辅料，经热粉工艺调粉，辊压或辊切、冲印成形，烘焙而制成的造型多为凹花；外表光滑、平整；一般有针眼；断面结构有层次、口感松脆的烘焙食品。韧性饼干配方中的油、糖比一般为 1：2.5 左右，因为其要求有较高的膨胀率，一般应用强力粉。

它们的特征是面团都含有充分扩展的面筋网络，但是随糖和脂肪含量的增加，面筋的弹性降低，延伸性增加。口感介于坚硬和脆弱之间。

3. 发酵饼干

以小麦粉、油脂为主要原料，以酵母为膨松剂，加入各种辅料，经调粉、发酵、辊压成形，烘焙而成的松脆且具有发酵制品特有香味的烘焙食品。

4. 薄脆饼干

以小麦粉、油脂为主要原料，以酵母为膨松剂，加入各种辅料，经调粉、成型、烘焙而制成的薄脆的烘烤食品。

5. 曲奇饼干

以小麦粉、油脂、糖、乳制品为主要原料，加入其他辅料，经调粉并采用挤注、挤条、钢丝切割方法中的一种形式成形、烧焙而制成的具有立体花纹或表面有规则波纹的酥化焙烤食品。

二、饼干的生产工艺

饼干生产的基本工艺过程为：

原辅材料的预处理、面团的调制、成型、烘烤、冷却、整理、包装。但是各种类型的饼干生产工艺中的配方、工艺、投料顺序与操作方法均有所不同。

(一) 原辅材料的预处理

将本产品所有的原辅材料领入车间，过筛后备用。

(二) 面团的调制

这是比较关键的一步，一般饼干制造工艺中，原料的选择占决定是否成功的 50% 的因素。其次，调粉操作占 25%，焙烤占 20%，而其他辊轧、成型只占 5%。因为面团的调制不仅决定了成品的风味、口感、外观、形态和色泽，而且还直接关系到下一道工序是否能够正常进行。

1. 酥性面团的调制（包括曲奇）

酥性或甜酥性面团俗称冷粉，这种面团要求具有较大程度的可塑性和有限的黏弹性，成品为酥性饼干。由于这种饼干的外形是用印模冲印或辊印成浮雕关斑纹，所以不仅要求面团在轧制成面团时有一定的结合力，以便机器连续操作和不黏辊筒、模型，而且还要求成品的浮雕式图案清晰。面筋的形成会使面团弹性和强度增大，可塑性降低，引起成型饼胚的韧缩变形，而且由于面筋形成的膜会使焙烤过程中表面胀发起泡。

2. 韧性面团的特点（包括薄脆）

与酥性相比，韧性面团有以下特点：

（1）糖油比较低，调粉时面筋易形成。

（2）要求产品体积质量较小，口味松脆，即胀发率要大，且组织呈细致的层状结构。

（3）因成本的性状要求，加工工艺与酥性不同，例如：要经多次压延操作，采用冲印成型。

根据以上特点，韧性面团特点应是：面团的面筋不仅形成充分，要有较强的延伸性、可塑性，适度的结合力及柔软、光润的性质，强度和弹性不能太大。

3. 苏打饼干的调制

在饼干的制作中，有时为了提高发酵的效果，先把一部分面粉和水再加上酵母和其他添加物调成面团（称为中种），进行较长时间的发酵。然后再加进剩余的面粉和辅料，进行正式调粉。最后进行发酵、整形和饧发。苏打饼干中多采用这种中种发酵的方法，目的是通过较长时间的静置，使酵母在面团内得到充分的繁殖，以增加面团发酵的潜力。在发酵的同时，野生发酵的代谢产物：乳酸、醋酸及酵母发酵产生的酒精，会使面团筋溶解和变性。发酵时产生的二氧化碳使面团体积膨松，而使面筋网络处于伸张状态，当继续膨胀时，面筋网络则因膨胀力超过了它的抗张极限而断裂，使面团又塌陷下去，这种发酵气体的张弛作用也促使面团面筋的性质发生变化，最终使面团弹性降到理想的状态。

第八章 冷冻品制作工艺

　　冷冻甜食是近年来在西点中发展较快的一类食品，以糖、蛋、奶、乳制品为主要原料，常见的有冰激凌、慕斯、奶昔、苏夫力等。以慕斯为例，慕斯是将奶油打发后与其他风味的原料混合，加入结力粉、黄油或巧克力等，经过低温冷却后制成的西点，具有可塑性，口感膨松如绵。

　　慕斯的种类很多，配方不同，调制方法各异，很难用一种方法概括，但有一般规律：配方中要有吉利丁或鱼胶粉的，则先将其隔水融化，然后再根据用料，有蛋黄、蛋清的，将蛋黄、蛋清分别与白糖一起打发；有果碎的，把果肉打碎并加入打起的蛋黄、蛋白；有巧克力的，将巧克力融化后与其他配料混合。最后将打起的奶油与调和好的半成品拌匀即可。慕斯的成型方法也有很多种，普遍做法是将其挤到各种容器（如玻璃杯、咖啡杯、小碗、小盘等）中，或挤到装饰过的果皮内。

　　除此之外，还流行一些其他方法。

　　立体造型法：将调好的慕斯，采用不同的其他原料作为造型原料，使制品整体效果立体化。最常采用的造型原料有巧克力片、起酥面胚、饼干、清蛋糕等。通过各种加工方法，使慕斯产生极强的立体效果。

　　食品包装法：用其他食品原料制成各式各样的艺术包装品，将慕斯装入其中，然后再配以果汁或鲜水果，上台服务时会产生极强的美感和艺术性。此方法大多以巧克力、脆皮饼干面、花色清蛋糕胚等，制成各式各样的食品盒或桶的装饰物，用来盛放慕斯。不仅可以增加食品的装饰性，还可以提高慕斯的营养价值。

　　模具成型法：利用各种各样的模具，将慕斯挤入或倒入，整形后放入冰箱冷藏数小时取出，使慕斯具有特殊的形状和造型。

第九章　巧克力制作工艺

一、巧克力的演化史

1. 可可作为使用的起源

拉丁美洲的史前时代最早开始种植可可树，主要分布于中南美的森林中。哥伦布发现美洲大陆之前，当地人只食用可可豆荚内柔软乳白色的果肉，可可豆被抛弃并不实用。后来一次偶然的机会，一个印第安青年尝试将可可豆烘焙，烘焙过后的可可豆格外清香。又经过了漫长的岁月，可可才被制成了如今的巧克力。

据说，最早将野生可可改良为人工种植的是玛雅人。

除玛雅人以外，阿兹特克文明的历史中也曾经出现了可可树。玛雅文明之后诞生的文明中可可豆既作为食物，也作为货币。作为食物时，人们将可可切开后取出可可豆烘焙，捣碎之后加入香草肉桂水作为饮品。而贫穷的人们会在这种饮品里加入玉米面调制成稠糊状之后食用。而作为货币时，可可豆不但可以用来缴纳税费，据说当时 100 颗可可豆就能抵得上一名奴隶的价值。而随着可可豆价值的不断攀升，一些不法商人开始囤积牟利，甚至伪造大量的豆子冒充可可豆。

2. 可可豆漂洋过海

可可豆是 16 世纪开始传播至欧洲，最早传入的是西班牙。1519 年西班牙冒险家荷南·考特斯登陆墨西哥。

无论是哥伦布还是考特斯带回的可可豆均散发出特殊的苦味。但随着殖民地甘蔗种植规模的扩大，砂糖开始大量运往欧洲，便出现了在可可中混入砂糖的饮用方式。至此，可可在欧洲各国广泛受到欢迎，并逐步开始普及。

二、巧克力的基础知识

可可树（Cacao）与可可豆（Cocoa）

1. 可可树的主要品种

（1）福拉斯特洛。福拉斯特洛可可豆占全世界可可豆总产量的80％。这种可可豆主要生长在非洲、巴西以及赤道和圭亚那之间的狭长地带。它是一种强壮高产的品种，富含单宁，比其他种类的可可豆更苦涩一些。

（2）克里奥洛。克里奥洛可可豆仅占全球可可豆总产量的5％，相对其他品种而言，比较容易受到病害的侵袭。它主要生长于中美洲和亚洲，单宁含量低，具有特殊的芳香，吃起来有红色浆果和坚果的味道，是最受推崇和最为昂贵的品种。

（3）特里尼塔里奥。特里尼塔里奥可可豆占全世界可可总产量的15％。是克里奥洛与福拉斯特洛可可豆的杂交品种。这种可可豆适应性强，产量略低于福拉斯特洛，具有特殊的芬芳和独特的味道。

2. 从可可果实到巧克力制作完成

通常可可豆在产地经过发酵干燥之后运往生产加工地。在生产加工地经过烘焙粉碎之后加工成可可膏制成丝滑的巧克力制品。

（1）豆荚。可可树生长在赤道附近的热带雨林地区，中南美、非洲、菲律宾、印度尼西亚等为主要的种植地区。可可树的果实每年可收获两到三次。可可果的颜色可分为红色、黄色以及绿色。成熟采摘后抛开取出种子或可可豆。随后可可豆需要在50℃左右的条件下进行发酵。发酵过程中需要经常翻动。白色黏质流出之后可可豆的颜色慢慢变深，通过发酵可以产生各种香气。然后通过阳光或干燥剂将可可豆干燥约两周之后，其颜色会变成浅褐色。

（2）烘烤和研磨。可可豆进入工厂后会被分类和清洗，去除杂质。随后利用红外线加热豆子杀灭细菌，同时还可以让可可豆的外壳更加容易剥落。然后可可豆要放入100～150℃的可旋转烤箱中烘烤，增强它的风味。脱壳后的可可豆碾碎，磨成黏稠的膏状即可可浆。在这个阶段要么压榨巧克力液分离出可可脂和可可粉，要么直接与其他材料一起制成巧克力。

（3）混合搅拌和调温。在这一步中可以加入添加糖额外的可可脂还有牛奶等原料。完全混合并细细研磨后会将混合物放入巧克力搅拌，揉捏几种进行混合，并加热很长一段时间，这个关键性步骤会完成发展出巧克力的香气和风味，同时使巧克力的质地和口感更加顺滑。

3. 巧克力的分类

可可的百分比可以告诉我们，巧克力中的可可含量包括巧克力液和其他添加的可可脂。这个百分比不能决定巧克力的味道和质量，就像葡萄酒中的酒精含量不能告诉我们酒的味道一样。事实上味道取决于多种因素。比如可可豆的品种、发酵、烘焙、搅拌的工艺都会决定口味。

（1）黑巧克力。黑巧克力是所有巧克力的基础形式，是由巧克力液和糖制成的。大多数制作者都会额外添加可可脂。各个国家对巧克力的划分也有所不同。一般来说可可含量都在55%～80%。

（2）牛奶巧克力。牛奶巧克力一般是用可可膏、可可脂、细砂糖、奶粉为主要成分。奶粉含量越高，可可含量越低，一般来说可可的含量在31%～38%。

（3）白巧克力。白巧克力主要成分为可可脂细砂糖、奶粉，是唯一一款不含可可的固体成分，基本没有可可原本的风味。可可脂含量一般为30%左右。

4. 巧克力的储存

巧克力中含有可可脂，很容易吸收味道，巧克力也不耐潮、不喜光。由于以上几种特性，巧克力需要密封储存在不透明的容器中，并保存于阴凉干燥处。不建议放入冰箱冷藏。如果储存不当会影响巧克力的保存期限和质地，随着时间的推移会使巧克力丧失脆度。

5. 巧克力的调温

不同的巧克力有着不同的条纹曲线，但它们都遵循基本相同的步骤。首先必须融化巧克力，其次使它降至给定的温度，此时可可脂会开始结晶。最后将其再次加热至可可脂开始流动，且易于操作的温度。

调温后的巧克力会保持其光滑和脆度，因为可可脂会在最稳定的状态下结晶。

（1）不同巧克力的操作温度

表 9-1　几种巧克力操作温度

巧克力种类	融化温度	预结晶温度	操作温度
黑巧克力	50～55℃	28～29℃	31～32℃
牛奶巧克力	45～50℃	27～28℃	29～30℃
白巧克力或可可脂	40～45℃	26～27℃	28～29℃
代可可脂	45～50℃		35℃

（2）巧克力的调温方法

巧克力的调温方法大致有三种，水浴法调温巧克力，大理石台面调温巧克力以及播种法调温巧克力。

但由于巧克力容易受潮的特性，一般不推荐水浴法调温巧克力。大理石台面调温巧克力是利用率最高的一种调温方式，而播种法调温巧克力一般用于需要进行大量调温巧克力的情况。

大理石台面调温巧克力

①将巧克力切碎放入玻璃碗中，微波炉加热。黑巧克力的融化温度为50℃，牛奶巧克力和白巧克力的融化温度为45℃。在加热的过程中需要中间停下来慢慢地搅拌巧克力，使其加热温度均匀。但不可过度搅拌，防止大量空气混入（如图9-1所示）。

图9-1 大理石台面调温巧克力制料

②加热至所有巧克力融化，并达到融化温度后，将巧克力倒在洁净干燥的大理石台面上冷却。用调温铲使巧克力均匀摊开，再将巧克力由四周铲向中央（如图9-2所示）。

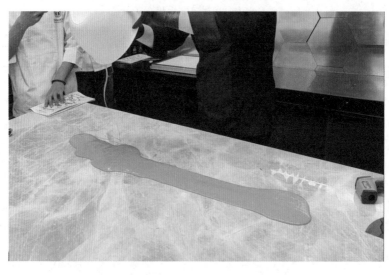

图9-2 大理石台面调温巧克力调制（步骤一）

③再次将巧克力摊开，重复上一步，使其冷却。当温度降低后，黑巧克力降至 28～29℃，牛奶巧克力降至 27～28℃，白巧克力降至 26～27℃（如图 9-3 所示）。

图 9-3 大理石台面调温巧克力调制（步骤二）

④将融化的巧克力铲回空的巧克力碗中，用热温枪加热巧克力。搅拌使其温度升高，黑巧克力升至 31～32℃，牛奶巧克力升至 29～30℃，白巧克力升至 28～29℃。注意搅拌的过程不能过度，防止大量空气混入（如图 9-4 所示）。

图 9-4 大理石台面调温巧克力调制（步骤三）

⑤调温后的巧克力在操作之前需要进行均质，使拌入的空气析出（如图9-5所示）。

图9-5 大理石台面调温巧克力调制（步骤四）

播种法调温巧克力

①将2/3切碎的巧克力放入玻璃碗中，微波炉加热。黑巧克力的融化温度为50℃，牛奶巧克力和白巧克力的融化温度均为45℃。在加热的过程中需要中间停下来慢慢地搅拌巧克力，使其加热温度均匀。但不可过度搅拌，防止大量空气混入（如图9-6所示）。

图9-6 播种法调温巧克力（步骤一）

②将剩余的巧克力用罗伯特机打至细碎,分次倒入已经融化的巧克力中(如图9-7所示)。

图9-7 播种法调温巧克力(步骤二)

③用均质机搅拌至顺滑且充分混合,将巧克力降温。黑巧克力降至28~29℃,牛奶巧克力降至27~28℃,白巧克力降至26~27℃(如图9-8、图9-9所示)。

图9-8 播种法调温巧克力(步骤三)　　图9-9 播种法调温巧克力(步骤四)

④用热温枪加热巧克力。搅拌使其温度升高。黑巧克力升至 31～32℃，牛奶巧克力升至 29～30℃，白巧克力升至 28～29℃。注意搅拌的过程不能过度，防止大量空气混入（如图 9-10 所示）。

图 9-10　播种法调温巧克力（步骤五）

⑤调温后的巧克力在操作之前需要进行均质，使拌入的空气析出。

（3）巧克力塑型的常见问题

①制作时考维曲巧克力变得黏稠。造成巧克力变得黏稠的原因可能是混入了大量的空气，使体积增大。也可能是巧克力温度降低开始结晶造成的。可以通过加少量热的、融化的、调好温的巧克力，或者放在热温枪下使之回温，并且要避免过度快速搅拌，以防混入空气。

②成品巧克力没有光泽。导致成品巧克力没有光泽的原因有很多，有可能是调温不够充分。室温过低或者直接进入温度过低的冰箱。模具或者玻璃纸不干净。制作巧克力的室温应保持在 19～23℃，冰箱的温度应为 8～12℃。模具或玻璃纸应该非常干净，可以用柔软的吸水脱脂棉擦拭后，再用静电纸擦拭。

③巧克力无法脱模，易碎，或巧克力粘在模具上，表面有条纹。将巧克力倒在了温热模具中，会使巧克力过脆。应该严格遵守调温曲线，必须非常干净，且在室温（22℃）。

④巧克力可以脱膜，但表面有白霜。将巧克力倒在了冰冷的模具中，会导致巧克力表面有白霜。在制作巧克力时，模具必须为室温，过热或过凉都不行。

⑤巧克力破碎开裂。巧克力成型后降温过快，收缩过快会导致巧克力破碎开裂。需要先将巧克力放在工作台上定型，然后放入 8～12℃ 的冰箱中，或室温结晶一晚。

⑥巧克力变灰或变白。调好温的巧克力直接放入过冷的冰箱中会导致巧克力变灰或变白。

⑦巧克力表面有斑点。模具不干净，会导致巧克力表面不光亮有斑点。为充分擦拭污渍，需要用食用酒精擦拭模具上的油污，再用干净柔软的棉球或静电纸擦拭模具。

实操部分

第十章　蛋糕的制作

【任务描述】

蛋糕及蛋糕制作相关基础资料。

蛋糕制作一般工艺。

蛋糕制品的质量鉴定标准。

【任务要求】

独立完成实训准备。

能熟练掌握原料配方。

学会蛋糕制作的技术，并独立完成鉴定任务。

【完成目的】

学习蛋糕制品的概念、分类、特点及作用机理。

学习蛋糕制品的制作方法，掌握蛋糕制品的生产技术。

在任务完成过程中能严格按照操作规程进行安全操作，真实记录。

学会分析、判断、解决问题。

在学与做的过程中锻炼与他人交往、合作能力。

任务一 清蛋糕的制作

· · 学习情境一 瑞士纹身蛋糕卷的制作

品种名称：瑞士纹身蛋糕卷（如图 10-1 所示）。

图 10-1 瑞士纹身蛋糕卷

用料情况：

鸡蛋 500g；低筋粉 230g；糖 250g；泡打粉 9g；盐 6～10g；水 70g；吉士粉 6g；色拉油 40g；蛋糕油 20g；可可粉适量；果酱适量。

制作过程：

（1）鸡蛋加糖加盐，2 档糖化鸡蛋打发。

（2）加面低速搅匀。

（3）加蛋糕油，高速打发出丝发亮。

（4）加水加色拉油，手搅匀。

（5）入烤盘。

（6）装饰纹身。

（7）入烤箱。

（8）出烤箱。

（9）抹果酱、奶油卷起。

温度：上下火 200℃/175℃。时间：10～15 min。

成品特点：

松软可口、外形美观。

关键要领：

（1）面糊打制过程要按步骤进行，要到位。

（2）烤制前 10 min 不得打开烤箱，否则蛋糕会塌。

（3）纹身花纹制作要精细，否则影响美观。

类似品种：

花色蛋糕、抹茶蛋糕卷。

文化溯源：

瑞士纹身蛋糕卷也称为瑞士卷，虽然名字中带有"瑞士"，但实际上与瑞士并没有直接的关系。这种甜点的起源可以追溯到 19 世纪的英国，最初是由一位英国的甜品师发明的。为了吸引顾客，这位甜品师给他的蛋糕卷起了个"洋名"，翻译过来就是瑞士卷。然而，这只是一个营销策略，因为从起源上来说，瑞士卷真正的老家不是瑞士，而是英国。尽管如此，瑞士卷这个名字在全球范围内广泛使用，尤其是在中国台湾，这种糕点几乎每间西点面包店都有售卖。中国台湾是在 20 世纪 60 年代由"美国小麦协会"为了推广美国的面粉而大力推广此类糕点的。由于推广已久，瑞士蛋糕卷在中国台湾是非常普遍的糕点。瑞士卷的制作通常以海绵蛋糕作为基础，上面涂抹果酱或奶油，然后卷成卷状。这种甜点因其松软的海绵质感和多样的口味（如奶油原味、巧克力味、香草口味等）而受到喜爱。

··学习情境二　鲜奶派蛋糕的制作

品种名称：鲜奶派（如图10-2所示）。

图 10-2　鲜奶派

用料情况：

低筋粉200g；鸡蛋4个；糖150g；蛋糕油17g；奶香粉5g；牛奶50g；鲜奶油适量；泡打粉5g。

制作过程：

（1）鸡蛋加糖，打至糖融化（慢速）。

（2）加面粉搅匀。

（3）加牛奶搅匀（慢速）。

（4）加蛋糕油（高速打发）。

（5）装裱花带（挤造型）。

温度：上下火180℃/170℃。时间：10～15 min。

关键要领：

（1）面糊调制不能太稀，否则会塌。

（2）用裱花袋挤制时，要注意匀称。

（3）烤制时不能打开烤箱门。

（4）注意烤制时间。

（5）奶油不能挤太多。

类似品种：

铜锣饼、孩儿面。

文化溯源：

鲜奶派传习自美国食品派（Pie），20世纪60年代起从美国传至中国台湾，美国厨师将烤饼技术传授于台湾居民，从此中国台湾开始吃派。奶油派不一定食用，在影视戏剧节目，特别是笑闹剧喜于用派砸花人脸，制造笑料。戏剧制作经费若是充裕，数人拿派互砸更是精彩搞笑。

··学习情境三　肉松蛋糕卷的制作

品种名称：肉松蛋糕卷（如图10-3所示）。

图10-3　肉松蛋糕卷

用料情况：

鸡蛋500g（分开蛋清、蛋黄）；塔塔粉5～8g（酸性物质，和蛋清共存）；绵白糖蛋黄糊里 13g；蛋清糊里 80～100g；低筋面 100g；玉米淀粉 35g；水 75g；色拉油 50g；泡打粉 5g；盐 3～5g；沙拉酱适量；肉松适量。

制作过程：

（1）蛋黄糊。

①水加糖（13g）加油加蛋黄，手动搅匀。

②加面粉手动搅匀。

（2）蛋清糊。蛋清加糖（10～80g）加盐加塔塔粉，电动高速打发（鹰嘴状）。

（3）分次混合蛋清糊和蛋黄糊。

（4）倒入垫纸烤盘入炉。

（5）出炉凉后翻面涂沙拉酱撒肉松，用擀面杖卷起，切开。

温度：上下火 160℃/170℃。时间：30 min。

成品特点：

香甜松软。

关键要领：

1. 蛋黄糊制作时，注意糖油水的搅拌要到位。

2. 蛋清糊中的塔塔粉不能提前与蛋清接触，否则影响打发。

3. 蛋清蛋黄糊混合时要分次。

4. 卷制时用刀背均等画印，方便卷制。

类似品种：

肉松蛋糕卷。

文化溯源：

肉松蛋糕卷是一道传统的点心，起源于中国南方地区。它的历史可以追溯到清朝时期，当时它是宫廷中的一道点心，后来逐渐流传到民间。肉松卷的制作工艺非常讲究，需要选用优质的面粉、鸡蛋、肉松等食材，经过精心制作而成。

· · 学习情境四　黑森林蛋糕的制作

品种名称：黑森林蛋糕（如图 10-4 所示）。

图 10-4　黑森林蛋糕

用料情况：

鸡蛋 3 个；低面 80g；细砂糖 A100g；黄油 20g；可可粉 20g；水 100g；细砂糖 B70g；樱桃酒 A40g；红樱桃汁 100g；奶油馅 100g；樱桃酒 B20g；发泡奶油 300g；酒渍樱桃 200g；樱桃酒 C30g；鲜奶油 500g；砂糖 50g；牛奶巧克力 200g。

制作过程（海绵蛋糕胚、糖浆、奶油馅）：

（1）蛋糕胚平切出三片。

（2）糖浆加红樱桃汁刷在最底层放在模具上。

（3）樱桃酒加入糕点奶油馅中搅拌，加入发泡奶油搅拌。

（4）由内向外转圈挤，把樱桃片放在蛋糕胚，刷糖浆，挤奶油在蛋糕胚，涂糖浆入冰箱冷藏。

（5）抹胚侧面粘巧克力碎，上围用花嘴挤边，中间放巧克力片和樱桃。

黑森林蛋糕（Schwarzwlder Kirschtorte），又名"黑森林樱桃蛋糕"，发源于德国南部黑森林地区，是德国著名的甜点代表之一。黑森林蛋糕的雏形最早出现于德国南部的黑森林地区。

起源一

相传，每当樱桃丰收时，当地的农妇们除了将过剩的樱桃制成果酱外，在做蛋糕时，也会大方地将樱桃一颗颗塞在蛋糕的夹层里，或是作为装饰细心地点缀在蛋糕的表面，而在打制蛋糕的鲜奶油时，则更是会加入大量樱桃汁，制作蛋糕胚时，面糊中也会加入樱桃汁和樱桃酒。以樱桃与鲜奶油为主的蛋糕从黑森林传到外地后，变成了"黑森林蛋糕"。

起源二

1915 年，一位德国糕点师采用当地盛产的樱桃、奶油和巧克力组合制作成了第一款"黑森林蛋糕"。2003 年的德国国家糕点管理办法中规定，黑森林蛋糕为樱桃酒奶油蛋糕，蛋糕馅是奶油，也可以配樱桃，加入樱桃酒的量必须能够明显品尝出酒水味道；蛋糕底托用薄面饼，至少含有 3% 的可可粉或脱油水可可，也可使用酥脆蛋糕底；蛋糕外层用奶油包裹，并用巧克力碎末点缀。同时，德国政府规定，黑森林蛋糕的奶油中必须含有 80g 的樱桃汁，才能以"黑森林蛋糕"的名义进行销售。

· · 学习情境五　摩卡戚风蛋糕的制作

品种名称：摩卡戚风蛋糕（如图 10-5 所示）。

图 10-5　摩卡戚风蛋糕

用料情况：

戚风蛋糕体：鸡蛋 4 个；细砂糖 100g；咖啡 70g；低筋面粉 60g；可可粉 20g；玉米淀粉 5g；塔塔粉 5g；植物油 40g。

摩卡奶油：鲜奶油 500g；可可粉 10g；速溶细咖啡粉 20g；细砂糖 40g；香草精几滴；黑巧克力适量。

制作过程：

（1）将烤箱打开，预热 160℃。将蛋黄和蛋清分离。

（2）往蛋黄中倒入约 2 大勺细砂糖，打散搅匀。将剩下的细砂糖取出 1/3 与玉米淀粉拌匀待用。

（3）一边搅拌蛋黄，一边慢慢地倒入植物油，混合均匀。

（4）继续倒入咖啡拌匀。

（5）筛入低筋面粉和可可粉，用蛋抽搅拌成均匀的蛋黄面糊。

（6）将蛋清打发，起泡后加入塔塔粉。

（7）用中高速持续打发蛋清，同时将没有拌入玉米淀粉的细砂糖一勺一勺地加入蛋清中。

（8）当蛋清打发至泡沫绵密时，再将拌入玉米淀粉的细砂糖一勺一勺地加入蛋清中，直至蛋清打发至超过中性发泡，但还没有达到干性发泡的程度。

（9）取 1/3 蛋清加入蛋黄糊中拌匀，再将蛋黄糊倒回剩下的蛋清中，用刮刀翻拌均匀。

（10）将拌好的面糊倒入模具，抹平表面，振出大气泡，送入预热好的烤箱中，160℃烤 40 min。

（11）烤好的蛋糕出炉后立即振出热气，倒扣晾凉。

（12）往冷藏过的鲜奶油中加入可可粉、咖啡粉、细砂糖和香草精，用蛋抽拌匀后直接手动打发，至奶油出现纹路，但还有一定流动性时即可停止。

（13）用刀刃在黑巧克力上垂直地刮出巧克力屑，收集起来待用。

（14）将彻底冷却的蛋糕脱模，平均切成三片。

（15）将奶油抹在每一层蛋糕上，大致抹平整了就好。

（16）在表面撒上适量巧克力屑。

关键要领：

（1）做蛋糕时要选用尽量新鲜的鸡蛋，更容易打发。

（2）植物油要选用没有明显味道的，葵花籽油、玉米油之类的都可以。咖啡用普通的加过奶没加糖的白咖啡，放凉了即可。

（3）蛋清注意不要打发过头，打蛋头提起来时能形成稳定的略下垂的小尖角即可，不需要打发到完全的干性发泡。

（4）可可粉会消泡，拌面糊时动作要尽量快速轻巧，拌好的面糊要即刻送入烤箱。

（5）烤熟的蛋糕用手轻轻按压会感觉有弹性，表皮干燥。若按下去无法回弹，说明蛋糕没烤熟，要立刻送回烤箱继续烤。

（6）这个配方做出的蛋糕会高出模具，所以出炉后有轻微回缩是正常的。若回缩严重或塌陷，可能是没烤熟或是蛋清打发的状态不对。

（7）奶油也注意不要打发过头，太硬的奶油会抹不平整。

（8）面糊制作过程，要严格控制用料配方。

成品特点：

口感松软可口，甜而不腻。

··学习情境六　香枕蛋糕的制作

品种名称：香枕蛋糕（如图 10-6 所示）。

图 10-6　香枕蛋糕

用料情况：

全蛋 5 个；白糖 120g；低筋粉 130g；色拉油 50g；塔塔粉 5g；泡打粉 13g；盐 3g。

制作过程：

（1）蛋黄糊：

①水加糖（13g）加油加蛋黄，手动搅匀。

②加面粉手动搅匀。

（2）蛋清糊：

蛋清加糖（80～100g）加盐加塔塔粉，电动高速打发（鹰嘴状）。

（3）分次混合蛋清糊和蛋黄糊。

（4）倒入模具入炉。

温度：上下火 160℃/17℃。时间：25 min。

成品特点：

松软可口、外形美观。

关键要领：

1. 面糊打制过程要按步骤进行，要到位。

2. 烤制前 10 min 不得打开烤箱，否则蛋糕会塌。

类似品种：

花色蛋糕、抹茶蛋糕。

文化溯源：

香枕蛋糕是一种面包制品，该蛋糕是由很多的吐司面包和奶油制成，是由网络博主发明后取名的。

··学习情境七　戚风原味蛋糕的制作

品种名称：戚风原味蛋糕（如图 10-7 所示）。

图 10-7　戚风原味蛋糕

用料情况：

鸡蛋 500g（分开蛋清、蛋黄）；低筋面粉 100g；玉米淀粉 35g；绵白糖蛋黄糊里 13g；蛋清糊里 80～100g；水 75g；色拉油 50g；泡打粉 5g；塔塔粉 5～8g（酸性物质，和蛋清共存）；盐 3～5g。

制作过程：

（1）蛋黄糊：

①水加糖（13g）加油加蛋黄，手动搅匀。

②加面粉手动搅匀。

（2）蛋清糊：蛋清加糖（80～100g）加盐加塔塔粉，电动高速打发（鹰嘴状）。

（3）分次混合蛋清糊和蛋黄糊。

（4）倒入模具入炉。

温度：上下火 160℃/170℃。时间：45 min。

成品特点：

香甜松软。

关键要领：

（1）蛋黄糊制作时，注意糖油水的搅拌要到位。

（2）蛋清糊中的塔塔粉不能提前与蛋清接触，否则影响打发。

（3）蛋清蛋黄糊混合时要分次。

类似品种：

巧克力蛋糕、香橙蛋糕。

文化溯源：

1927 年由美国加利福尼亚的一个名叫哈利·贝克的保险经纪人发明，直到 1947 年，贝克把配方卖了，1948 年配方才公布于世。因此，更适合有冷藏需要的蛋糕被更多人知道了。

··学习情境八　奥利奥戚风蛋糕的制作

品种名称：奥利奥戚风蛋糕（如图 10-8 所示）。

图 10-8　奥利奥戚风蛋糕

用料情况：

蛋糕卷皮奥利奥：A3 块；鸡蛋 4 个；细砂糖 A（用于蛋黄）40g；香草精 4mL；低筋面粉 70g；牛奶 30g；细砂糖 B（用于蛋白）40g；奶油夹心淡奶油 250mL；细砂糖 C20g；奥利奥 B 适量。

制作过程：

（1）准备工作：将奥利奥 A 去掉夹心（也就是 6 片饼干），用擀面杖捣碎成小碎块，不用磨得很细。同时预热烤箱至 180℃。

（2）向蛋黄中加入细砂糖 A，立刻搅匀，再倒入牛奶搅匀。

（3）加入色拉油和香草精，搅匀。

（4）低筋面粉过筛，加入蛋黄糊中搅匀。

（5）向蛋黄糊中加入奥利奥 A 碎，搅匀。

（6）打发蛋白，途中分三次加入细砂糖 B，打至 7 分发，即提起打蛋头有弯钩，微颤。

（7）取 1/3 的蛋白加入蛋黄糊中，搅匀。

（8）将蛋黄糊倒回剩下的蛋白中，快速翻拌均匀。手速要快，动作要轻，因为加了奥利奥碎，很容易消泡。

（9）将面糊倒入铺了烤纸的烤盘中，抹平。轻振几下烤盘，将大气泡振出来。

（10）放入预热至 180℃的烤箱中烤 15 min 左右，表面金黄即可。烤好后取出脱模，倒扣在晾网上，撕掉烤纸，晾凉。

（11）向淡奶油中加入细砂糖 C，打发至 7 分发，即开始有纹路且纹路不消失的状态。

（12）向淡奶油中加入适量奥利奥碎，翻拌均匀。

（13）将奶油均匀地涂抹在晾凉的戚风蛋糕卷皮上。最外侧 2～3 cm 的蛋糕不涂抹奶油，防止卷起后奶油溢出蛋糕卷。

（14）从涂满奶油的一侧轻轻卷起，卷成蛋糕卷。冷藏 3 h 定型，取出切片。

关键要领：

面糊制作过程，要严格控制用料配方。

成品特点：

口感松软可口，甜而不腻。

文化溯源：

摩卡戚风蛋糕，追根溯源，它是美国大叔哈利·贝克埋藏了 20 年的秘密。据说 1927 年，美国洛杉矶有位名叫哈利·贝克的保险推销员，他研究了一种异常松软的蛋糕。这种蛋糕一问世，就获得大家的一致好评，并为之倾倒，哈利·贝克也一直被人追问配方。但他一直将他的配方保密，且每天只烤制 42 个戚风蛋糕，专供好莱坞著名的饭店——布朗德北餐厅。因为限量，只有极少数的名人和明星能品尝到，所以在当时也是一种身份的象征！1947 年，深感年岁已高的哈利·贝克经过深思熟虑，选择将这个配方卖给当时美国最大的食品公司通用磨坊。随后，通用磨坊公司在 1948 年 5 月号的《家庭与园艺》杂志上公布了该秘密配方，轰动全美。

·· 学习情境九 柠檬酸奶肉松迷你贝的制作

品种名称：柠檬酸奶肉松迷你贝（如图 10-9 所示）。

图 10-9 柠檬酸奶肉松迷你贝

用料情况：

蛋糕体：低筋面粉 40g；玉米油 40g；水 40g；鸡蛋 4 个；细砂糖（蛋黄用）10g；细砂糖（蛋白用）30g；柠檬汁几滴。

柠檬酸奶酱：柠檬 1 个；鸡蛋 1 个；细砂糖 50g；黄油 30g；无糖酸奶适量。

组装：原味肉松适量。

制作过程：

（1）准备工作：柠檬洗干净用刨丝器擦出皮屑、用榨汁器榨出果汁备用。

（2）制作蛋糕体（如图 10-10、图 10-11 所示）：

图 10-10　容器　　　　　　　　　　图 10-11　制作蛋糕体

①蛋黄蛋白分开，蛋白先放冰箱冷藏，蛋黄加砂糖打散。

②再加入玉米油搅拌均匀；加入水搅拌均匀。

③筛入低筋粉，轻轻地拌匀成蛋黄糊。

④从冰箱取出蛋白，加少许柠檬汁，分三次加入细砂糖，最终打发至小弯钩状即可（不需要卷起来，所以这里不用打发到大弯钩状）。

⑤先取 1/3 蛋白霜与蛋黄糊混合，然后再倒回剩下蛋白霜里，翻拌均匀。

⑥倒入铺好油纸或油布的烤盘里，180℃烤 20 min，取出后倒扣撕掉油纸晾凉。

（3）制作柠檬酸奶酱：

①将柠檬皮屑、柠檬汁、砂糖、鸡蛋放在一个盆里，用隔水加热的方法，把它架在煮沸的小锅上，全程用小火加热，边加热边不断搅拌，开始变浓稠的时候加入黄油继续搅拌至完全融化。

②关火后稍微冷却一会再过筛，然后加入适量酸奶。

温馨提示：这一步能过滤掉一些柠檬纤维，得到的柠檬酱更细腻。

（4）组装：

①用圆形慕斯圈（直径 6.2cm）刻出形状，中间切一刀分为两半，即为一个。

②在其中一半上涂满柠檬酸奶酱，把另一半盖在上面，用食物夹夹住，再涂满整个表面，裹上肉松即可，这一步需要耐心。

关键要领：

面糊制作过程，要严格控制用料配方。

成品特点：

口感松软可口，甜酸甜软糯。

肉松迷你贝是一款甜品界的新晋网红，属于中式甜品。其口感特点是蛋糕体松软，色拉酱和肉松足量。

··学习情境十 夹心巧克力派的制作

品种名称：夹心巧克力派（如图10-12所示）。

图10-12 夹心巧克力派

用料情况：

蛋糕片蛋白2个；砂糖A38g；蛋黄2个；砂糖B8g；低筋面粉45g；杏仁粉15g；果味夹心果茸（草莓/百香果或其他口味）80g；原味棉花糖：70g；巧克力淋面65%；黑巧克力150g。

制作过程：

（1）制作蛋糕片（如图10-13、图10-14所示）：

①用蛋抽将蛋黄与砂糖B充分搅拌。

②砂糖A分三次加入蛋白，用电动打蛋器打发至有小尖角即可。

③将少量的蛋白先与蛋黄糊翻拌均匀，然后倒回到蛋白盆中继续翻拌均匀。

④筛入低筋面粉和杏仁粉，翻拌均匀，倒入烤盘中，轻拍几下烤盘底部振出气泡，用刮刀抹平，烤箱上下火170℃，烤15 min，然后倒扣在晾网上，撕下油布晾凉。

图10-13 制作（一）

图10-14 制作（二）

（2）制作果味夹心：

将果茸加热至微沸，加入棉花糖，待棉花糖开始融化，用刮刀不停抄底搅拌，直至果茸与棉花糖完全融合，离火，稍冷却即可装入裱花袋，待降至手温使用。

（3）制作巧克力淋面：黑巧克力隔水融化即可。

（4）组装：

①用圆形模将蛋糕片刻出几个圆形，然后将夹心挤在蛋糕片上，可放入冰箱冷藏定型15 min 左右，然后取出盖上另一片蛋糕。

②将组装好的派的一面沾上黑巧克力液，然后放在晾网上，下边放一个烤盘或者盘子，将黑巧克力液淋一点在表面，让它能滴下去的程度，不需要太多，然后用竹签将四周涂上巧克力，等待巧克力自然凝固就可以了。最后在表面可以撒一些坚果碎装饰。

③巧克力淋面最好选用牛奶巧克力，这样口味会更好，如果没有杏仁粉，可等量换成低筋粉，只不过蛋糕体的口感会略有不同，密封冷藏保存 3 天。

文化溯源：

夹进棉花糖夹心的巧克力派始祖是 1974 年 4 月由韩国好丽友公司推出的，是当时好丽友公司的职员在美国吃过的点心中得到了灵感而开发出的产品。

··学习情境十一　竹炭抹茶奶冻蛋糕卷的制作

品种名称：竹炭抹茶奶冻蛋糕卷（如图 10 - 15 所示）。

图 10 - 15　竹炭抹茶奶冻蛋糕卷

用料情况：

奶冻：吉利丁片 1 片（5g）；牛奶 125g；细砂糖 25g；玉米淀粉 10g；抹茶粉 7g；淡奶油 75g。

蛋糕卷：蛋黄 100g；细砂糖 A20g；竹炭粉 4g；无盐黄油 30g；低筋面粉 55g；蛋白 150g；细砂糖 B75g。

内馅：淡奶油 200g；糖粉 15g。

材料说明：

食用级竹炭粉，正式名称为植物炭黑，是取自天然植物的可食用调色粉，为符合《食品安全国家标准》的食品辅料。注意，植物炭黑跟制作工艺较粗糙的竹炭是不同的，这里特别给大家说明下。

制作过程：

（1）准备工作：吉利丁片用冰水泡软备用（如使用吉利丁粉，比例为 5g 粉加 15g 水）。

（2）制作奶冻：

除吉利丁片以外的其他所有原料混合，放在奶锅中，小火加热。

一边加热、一边不断搅拌，直到变成黏稠状之后离火（注意千万不要煳底）。

将吉利丁片挤干水分，投入温热的奶冻糊中，搅拌至完全融化。

倒入下缘以锡箔纸包起的 21cm×8cm 磅蛋糕模具中，放入冰箱冷藏 3 h，至奶冻凝固。

（3）制作蛋糕卷：

①烤箱上下 180℃预热；黄油用微波炉加热至液体状，放在一边晾凉备用。

②蛋黄加细砂糖 A 搅匀后，搅拌盆坐 45～50℃温水上，将蛋液温热至 38℃，以电动打蛋器打发至颜色变浅、体积膨胀，接着加入竹炭粉搅匀。

③蛋白分三次加入细砂糖 B，以电动打蛋器高速搅打，至提起打蛋头时，蛋白霜呈现大弯钩状（湿性发泡）。

④取 1/3 的蛋白霜加入蛋黄糊中，搅拌均匀。

⑤再将竹炭蛋黄糊倒回剩下的蛋白霜里，搅拌均匀。

⑥面粉过筛加入上一步的混合物中，小心翻拌均匀。

⑦取一小勺翻拌好的面糊，加入融化的黄油中，用打蛋器完全搅匀。

⑧把上一步的黄油面糊倒回整体面糊当中，用刮刀再次轻手翻拌均匀。

⑨烤盘中垫烤纸或者高温油布，将面糊从20cm高处倒入烤盘中，刮匀表面，轻振一下烤盘排除面糊中的气泡。放入烤箱中下层，以上下管180℃烘烤13 min左右，牙签插入中央再拔出，没有粘连物即可（注意不要烘烤过久，否则卷起时容易断裂）。

⑩倒扣在晾网上，撕掉油纸（或油布），重新盖上一张新的油纸，晾凉。

（4）制作内馅：

①淡奶油加糖粉用电动打蛋器搅打至8分发，纹路硬挺的状态。

②奶油均匀抹在蛋糕体表面，卷起的初始端抹得多些，末尾抹得少些。

③取出冰箱里的奶冻，电吹风吹几圈模具脱模，然后横切成两段长条状，排在距离蛋糕卷初始端大约5cm的位置（奶冻不需完全用完，剩下的空口吃也好吃）。

④卷起蛋糕卷，冷藏30 min定型即可。

··学习情境十二　柠檬巧克力迷你蛋糕卷的制作

品种名称：柠檬巧克力迷你蛋糕卷（如图10-16所示）。

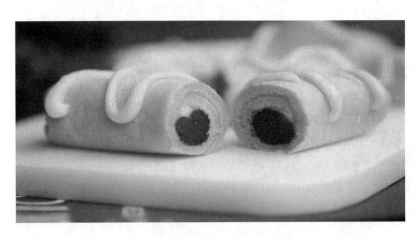

图10-16　柠檬巧克力迷你蛋糕卷

用料情况：

蛋糕体：低筋面粉20g；玉米油20g；水20g；鸡蛋2个；细砂糖（蛋黄用）5g；细砂糖（蛋白用）20g；香草精（蛋黄里）几滴；柠檬汁（蛋白里）几滴；粉色色素一点点。

柠檬酸奶酱（如图 10-17 所示）：柠檬 1 个；鸡蛋 1 个；细砂糖 50g；黄油 30g；无糖酸奶适量。

巧克力甘纳许（如图 10-18 所示）：黑巧克力 50g；淡奶油 50g。

制作过程：

（1）准备工作：提前做好巧克力甘纳许和柠檬酸奶酱备用。

（2）制作蛋糕体：

①蛋黄蛋白分开，蛋白先放冰箱冷藏，蛋黄加砂糖打散，加香草精打匀。

②再加入水搅拌均匀；加入玉米油搅拌均匀。

③筛入低筋面粉，轻轻地拌匀成蛋黄糊。

④从冰箱取出蛋白，加少许柠檬汁，分三次加入细砂糖，最终打发大弯钩状即可。

⑤先取 1/3 蛋白霜与蛋黄糊混合，然后再倒回剩下蛋白霜里，翻拌均匀。

⑥拌好的面糊大致分为两份，其中一份加入一点点粉色色素，拌匀。再把粉色面糊倒入原味面糊里，稍微翻拌 1~2 下即可。

温馨提示：千万别翻拌太多次，否则大理石花纹就没有了。

⑦倒入铺好油纸的烤盘里，放入烤箱上下火，170℃烤 19 min，取出后倒扣在铺好油纸或油布的晾网上，撕掉油纸晾凉。

图 10-17 制作柠檬酸奶酱

图 10-18 制作巧克力甘纳许

将淡奶加热至 60℃左右，加热时间不要太长，然后冲入黑巧克力中静置一会儿，再搅拌均匀，晾凉备用。

（3）组装：

①这个蛋糕体比平时的蛋糕卷薄，所以稍微晾一会儿到手温就可以了，把四周切整齐，然后横竖两刀平均分成四块儿。

②在桌面铺上一张保鲜膜，取一块蛋糕，这时蛋糕体的状态也是比较软才对，在中间靠下的位置挤两条巧克力，上边再挤两条柠檬酸奶，或者上下反过来挤也可以；借助保鲜膜直接徒手就可以卷起来，尽量贴着夹馅儿卷紧。

·· 学习情境十三　珍珠奶茶盒子蛋糕的制作

品种名称：珍珠奶茶盒子蛋糕（如图 10-19 所示）。

图 10-19　珍珠奶茶盒子蛋糕

用料情况：

黑糖珍珠：现成粉圆 50g；水（煮粉圆）500g；黑糖块适量；水（黑糖用）适量。

现煮奶茶：牛奶 125g；茶包或茶叶 3g；砂糖 5g。

奶茶戚风蛋糕片：鸡蛋 3 个；砂糖（蛋黄用）10g；砂糖（蛋白用）45g；奶茶液 30g；玉米油 30g；低筋粉 50g。

组装、装饰：淡奶油 100g；砂糖 8g；奶茶液 10g；奶茶蛋糕屑适量。

制作过程：

图 10-20　成品

（1）准备工作：

①鸡蛋放到室温回温，蛋黄与蛋白分离，蛋黄保持室温，蛋白放冰箱冷藏。

②准备 28cm×28cm 方形烤盘一个，底部铺好耐高温油布。

（2）制作黑糖珍珠：

①先煮粉圆，水煮沸后倒入粉圆，待粉圆都漂浮起来以后盖上盖儿小火煮 25 min，然后关火再闷 30 min，捞出备用。

②黑糖块和水一起煮开，至黑糖完全融化，倒入粉圆中，搅拌均匀让每个珍珠都浸泡在黑糖汁里，冷却备用。

（3）制作奶茶：

将牛奶倒入茶叶或茶包浸泡，取一个不粘小奶锅或搪瓷小奶锅，小火将砂糖融化变成黄色后，加入牛奶茶液，一起小火煮开直到飘出奶茶香味儿即可。

（4）制作蛋糕片：

①蛋黄中依次加入砂糖、奶茶液、玉米油，每次都快速搅拌均匀后再加入下一种材料，最终达到充分乳化。

②筛入低筋面粉，蛋抽画"之"字形轻轻拌匀。

③蛋白从冰箱取出，分三次加入砂糖，最终打发到干性发泡（呈小尖角的状态）。

④取 1/3 蛋白霜加入到蛋黄糊中先拌匀，然后再倒回剩下的蛋白霜中翻拌均匀。

⑤倒入烤盘，用刮刀抹平，轻振几下放入烤箱中层，上下火 180℃，烤 18 min。

⑥取出后振一下，分离蛋糕片的四个边，晾网上铺一张油纸，然后倒扣在晾网上，撕掉油布，再重新盖在蛋糕片上，冷却备用。

（5）制作奶茶奶油：

淡奶油加砂糖打发至六分发，加入奶茶液再继续打发几下，至七八分发即可，装入裱花袋备用。

（6）组装：

①用盒子刻出蛋糕片，一片铺底压实，一片备用。

②奶茶奶油沿着蛋糕片边缘挤一圈，再码上一圈珍珠，再挤一圈奶茶奶油，以此类推。

注：黑糖珍珠上的黑糖如果比较多会顺着流下去，更能增加风味。

③再放进一片蛋糕片压实，沿着边缘码一圈珍珠，再挤一圈奶茶奶油，以此类推。

④用刨丝器削出一些蛋糕屑，撒在表面，淋上剩余的黑糖汁，撒上一些蛋糕屑。

关键要领：

面糊制作过程，要严格控制用料配方。

成品特点：

口感松软可口，甜而不腻。

・・学习情境十四　咸奶油蛋糕的制作

品种名称：咸奶油蛋糕（如图 10-21 所示）。

图 10-21　咸奶油蛋糕

用料情况：

蛋糕体：低筋面粉 40g；玉米油 40g；水 40g；鸡蛋 4 个；细砂糖（蛋黄用）10g；细砂糖（蛋白用）30g；柠檬汁几滴。

咸奶油：淡奶油 300g；黄油 90g；糖粉 15g；盐 2g。

装饰：奥利奥碎适量；可可脆片适量；开心果碎适量；松子碎适量。

制作过程：

（1）准备工作：

①黄油放到室温软化。

②奥利奥碎和可可脆片混合、开心果碎和松子碎混合。

（2）制作蛋糕体（如图10-22所示）：

图10-22　制作蛋糕体

①将蛋黄蛋白分开，蛋白先放冰箱冷藏，蛋黄加砂糖打散。

②再加入水、玉米油快速搅拌均匀。

③筛入低筋面粉，用蛋抽"之"字形拌匀成蛋黄糊。

④从冰箱取出蛋白，加少许柠檬汁，分三次加入细砂糖，最终打发至小弯钩状即可。（不需要卷起来，所以这里不用打发到大弯钩）

⑤先取1/3蛋白霜与蛋黄糊混合，然后再倒回剩下蛋白霜里，翻拌均匀。

⑥倒入铺好油纸或油布的烤盘里，180℃烤20～22 min，取出后倒扣在铺了一张油纸的晾网上，撕掉油布盖在表面晾凉。

（3）制作咸奶油：

①软化好的黄油稍微打散，再加入糖粉和盐打发至体积变大、颜色变白。

②淡奶油打发至七分发，分次加入到上一步的黄油糊中，混合翻拌均匀即可。

（4）组装：

①将晾凉的蛋糕片切掉四周不整齐的边缘，并分成边长12cm的小正方形四片。

②每片蛋糕都先抹一层咸奶油，再撒一层奥利奥碎和可可脆片，然后再抹一层咸奶油。

③最后用刮板刮平即可。

文化溯源：

咸奶油蛋糕为什么会是咸味的呢？据介绍，早在抗战时期，咸奶油蛋糕就由飞虎队带到了昆明。第二次世界大战时，盟军通过驼峰航线从印度向昆明运输抗战物资，咸奶油蛋糕作为当时配给飞虎队的食物之一，一般都是放在汽油桶中进行运输。咸奶油蛋糕之所以是咸的，就是在奶油当中加了盐，加盐可以起到抑制微生物滋生的作用，延长奶油的保质期，同时成就了它的独特风味。

《任务二 油脂类蛋糕的制作》

· · 学习情境一 红枣蛋糕的制作

品种名称：红枣蛋糕（如图 10 - 23 所示）。

图 10 - 23　红枣蛋糕

用料情况：

红枣泥 100g；泡打粉 10g；低筋面粉 250g；奶香粉少许；白糖 250g；去皮白芝麻适量；色拉油 250g；鸡蛋 250g。

制作过程：

（1）鸡蛋加糖打化。

（2）加枣泥。

（3）加面粉。

（4）加油。

（5）撒芝麻。

温度：上下火 180℃/170℃。时间：40～50 min。

关键要领：

（1）在面糊制作过程中，油的加入要注意搅拌均匀。

（2）烤制时间较长，要注意火候。

（3）属重油蛋糕，注意放置。

类似品种：绿茶蛋糕。

··学习情境二 重油杯子蛋糕的制作

品种名称：重油杯子蛋糕（如图10-24所示）。

图10-24 重油杯子蛋糕

用料情况：

黄油250g；低筋面粉325g；糖250g；泡打粉8g；鸡蛋250g；可可粉30g。

制作过程：

（1）黄油加糖打化。

（2）加入鸡蛋。

（3）加入蛋糕油。

（4）加入面。

（5）装入模具（七分满）。

温度：上下火180℃/170℃。时间：30 min。

成品特点：

口感松软可口，甜而不腻。

关键要领：

面糊制作过程，要严格控制用料配方。

类似品种：杯子重油蛋糕。

文化溯源：

杯子蛋糕也被称为玛芬蛋糕，有各种各样的做法，比如分蛋海绵或者戚风又或者重油蛋糕，口味也不同，装饰也有很多种，重油杯子蛋糕是其中一种，也就是说里面的油脂的占比量是比较高的。

· ·学习情境三　大理石蛋糕的制作

品种名称：大理石蛋糕（如图 10 - 25 所示）。

图 10 - 25　大理石蛋糕

用料情况：

低筋面粉 250g；黄油 250g；砂糖 250g；鸡蛋 4 个；泡打粉 5g；柠檬皮 1 个；香橙皮 1 个；可可粉 25g；黄油 10g；牛奶 50g。

制作过程：

（1）黄油 250g 加糖搅拌至糖融化。

（2）加入柠檬皮、香橙皮。

（3）加入鸡蛋，搅拌均匀。

（4）加入面粉、泡打粉，搅拌成光滑面糊。

（5）可可粉、黄油（10g）、牛奶搅匀。

（6）将面糊的一半加入可可混合液中，制成可可面粉。

（7）将原色面糊与可可色面糊交错挤入模具。

（8）用勺子顺时针轻轻搅拌出花纹。

（9）振动烤盘，放入烤箱。

（10）温度：上下火180℃。时间：30～40 min。

成品特点：

口感松软可口，甜而不腻。

关键要领：鸡蛋、黄油需要打发。

文化溯源：

大理石蛋糕是一种源自法国的甜品，经烘焙后质轻而膨松。主要材料包括蛋黄及经打匀后的蛋白。可适当添加柠檬汁及柠檬皮以增加风味。

·· 学习情境四　可可抹茶无比派的制作

品种名称：可可抹茶无比派（如图10-26所示）。

图10-26　可可抹茶无比派

用料情况：

派皮：无盐黄油 80g；糖粉 60g；鸡蛋 1 个；低筋面粉 100g；可可粉 15g。

内馅：无盐黄油 70g；糖粉 50g；抹茶粉 8g；热水 24g。

制作过程：

（1）准备工作：

烤箱以上下火 150℃ 预热。

（2）制作派皮：

①室温软化的无盐黄油中，加糖粉用电动打蛋器搅打至颜色发白、体积膨胀。

②加入鸡蛋，继续搅打到完全融合，呈羽毛状。

③低筋面粉和可可粉过筛加入黄油中，用刮刀拌匀至没有干粉。

④裱花袋里套圆形裱花嘴，然后把面糊装进裱花袋，将裱花嘴垂直于烤盘约 1cm 高度，无须转圈，在铺了烤纸的烤盘上挤出半圆形。

⑤烤箱中上层，上下火 150℃，烤 12～15 min，取出冷却晾凉。

（3）制作内馅：

①室温充分软化无盐黄油，加入糖粉拌匀。

②抹茶粉和热水混合，用茶筅搅匀成抹茶酱。

③抹茶酱加入黄油中，用刮刀搅拌均匀。

④内馅装进裱花袋，挤在两片饼皮之间即可。

（4）成品特点：

口感松软可口，甜而不腻。

关键要领：

鸡蛋、黄油需要打发。

••学习情境五　希拉姆蛋糕的制作

品种名称： 希拉姆蛋糕（如图10-27所示）。

图 10-27　希拉姆蛋糕

用料情况：

鸡蛋 3 个；细砂糖 190g；色拉油 200g；低筋面粉 220g；胡萝卜丝 150g；苏打粉 3g；盐 3g；肉桂粉 4g；核桃仁适量；蔓越莓适量；朗姆酒或白兰地适量；香草精 2 滴。

制作过程：

（1）鸡蛋加糖、盐打发至黏稠。

（2）加入低筋面粉搅匀。

（3）依次加胡萝卜丝、色拉油低速搅匀。

（4）加入其他辅料搅匀入模具。

温度：上下火 170℃。时间：70 min。

关键要领：

面糊制作过程，要严格控制用料配方。

成品特点：

口感松软可口，馅料充足，香味浓郁。

文化溯源：

国内常用的戚风、海绵蛋糕胚，常常由于质地过于松软，难以支撑较重的奶油霜。轻者出现边缘起鼓，裱完的花下陷。重者会导致蛋糕开裂或者倾斜，发生垮塌。侧面的抹面也会常常由于重力影响，特别是在夏天，容易被破坏。这在很大程度上影响了整个蛋糕的完美度，有鉴于此，做出一款能支撑住奶油霜裱花的蛋糕就势在必行了。希拉姆蛋糕就是由此出发，在兼顾其他五个方面的情况下，既保持了蛋糕的松软，又使其有一定质感，能够支撑住奶油霜，做到抹面干净、不垮塌，边缘不起鼓、不下陷，使整个蛋糕呈现出艺术品的完美状态。

· · 学习情境六　布朗尼蛋糕的制作

品种名称：布朗尼蛋糕（如图 10-28 所示）。

图 10-28　布朗尼蛋糕

用料情况：

巧克力 200g；黄油 100g；鸡蛋 2 个；白砂糖 75g；盐 2g；低筋面粉 50g；泡打粉 2g；核桃碎（烘焙后）适量。

制作过程：

（1）黄油中加入白砂糖、盐，搅拌至糖融化。

（2）分次加入鸡蛋搅拌均匀。

（3）加入巧克力液。

（4）加入面粉、泡打粉、核桃碎搅拌均匀。

（5）将面糊挤入模具，放入烤箱。

（6）上下火 170℃。时间：35～40 min。

关键要领：巧克力要隔水融化。

成品特点：

巧克力味浓郁，松软可口。

文化溯源：

布朗尼是质地介于蛋糕与饼干之间的一种蛋糕，又叫巧克力布朗尼蛋糕、布朗宁蛋糕或者波斯顿布朗尼——可爱的巧克力蛋糕，它既有乳脂软糖的甜腻，又有蛋糕的松软。布朗尼可以有多种样式。布朗尼的原料通常包括坚果、霜状白糖、生奶油、巧克力等。

19世纪末发源于美国，20世纪上半叶在美国、加拿大广受欢迎，后成为美国家庭餐桌上的常客。

· · 学习情境七　龙猫无比派的制作

品种名称：龙猫无比派（如图10-29所示）。

图10-29　龙猫无比派

用料情况：

低筋面粉180g；黄油110；牛奶60g；浓稠酸奶90g；白砂糖80g；牛奶8g；小苏打2g；蛋液90g；可可粉5g。

夹馅材料：黄油80g；酸奶80g；糖粉30g；可可粉3g。

制作过程：

（1）软化的黄油加入糖，打发膨松，分次加入蛋液搅打至完全融合。

（2）再分次加入牛奶搅拌均匀。

（3）筛入所有粉类原料。

（4）翻拌均匀。

（5）倒入酸奶翻拌均匀。

（6）取 1/3 面糊放入一个裱花袋，其余面糊加入 5g 可可粉翻拌均匀后也装入裱花袋。

（7）先把可可面糊挤入模具，表面抹平。

（8）把原色面糊挤在表面，挤出龙猫身体和眼睛图案，把可可面糊挤在原色面糊上画出龙猫身体的纹路。

（9）入蒸烤箱。上下火 170℃，时间 25 min。

（10）烤好出炉放烤架晾凉。

（11）其间准备夹馅，软化的黄油加糖打发膨松，分次加入酸奶搅拌。

（12）加入可可粉搅拌均匀。

（13）装入裱花袋挤夹馅，两片派之间挤上馅，合在一起，再用食用色素笔画出眼睛、嘴巴和胡子。

（14）在两片之间夹入大杏仁做耳朵，完成。

关键要领：

面糊制作过程，要严格控制用料配方。

•• 学习情境八　粉绿棋格蛋糕的制作

品种名称：粉绿棋格蛋糕（如图 10-30 所示）。

图 10-30　粉绿棋格蛋糕

用料情况：

蛋糕体：无盐黄油 125g；细砂糖 70g；鸡蛋 2 个；低筋面粉 125g；草莓酱（或玫瑰酱）5g；粉红食用色素适量；牛奶 A 5g；抹茶粉 3g；热水 10g；牛奶 B 5g。

黄油霜：无盐黄油 200g；糖粉 50g；牛奶适量；粉红食用色素适量。

奶油霜：淡奶油 150g；糖粉 8g；粉红食用色素适量。

装饰：开心果碎适量；玫瑰花瓣（或草莓脆）适量。

制作过程：

（1）准备工作：烤箱上下管开 170℃ 预热；无盐黄油室温或微波软化；准备常温鸡蛋；热水加入抹茶粉中，充分搅拌成抹茶酱备用。

（2）制作蛋糕体：

①将软化的无盐黄油、细砂糖放进厨师机中，搅打 3～5 min，至颜色发白、质感膨松。

②加入鸡蛋，一个打完再加另一个，搅打至鸡蛋与黄油融合。

③过筛加入低筋面粉，搅打至看不见干粉。

④将面糊平均分成 2 份。一份加入草莓酱（或玫瑰酱）与粉红色素调成粉色，加入牛奶A 调整面糊质地；另一份与抹茶酱搅拌均匀，并加入牛奶 B 调整质地。做好的蛋糕面糊应该比一般蛋糕面糊稍微湿润些。

⑤将两个蛋糕模具铺上油纸，并将两种颜色的面糊分别倒入模具内（高度大约至模具一半），以上下火 170℃ 烤约 25 min（牙签插入蛋糕中心，如果粘上蛋糕糊表示还没全熟，需要烤至牙签插入无粘连）。

⑥取出蛋糕晾凉，修去边角，各切成长条备用，完成后应有粉色与绿色蛋糕条各 2 条。

（3）制作黄油霜：

①将软化的无盐黄油放进厨师机搅打 3～5 min，打至颜色发白、质感膨松。

②加入糖粉，搅打均匀。

③加入粉红食用色素，调成淡淡的粉红色。

④视情况加入牛奶搅打均匀，将质感调整得软一些，后续在蛋糕上涂抹较方便操作。

⑤分出一部分黄油霜（60～70g）用于最后装饰，加入一些粉红食用色素（或草莓酱），调整成比基底更深的颜色，再加入少许牛奶，将质感调整为具有微弱流动性的状态，填入裱花袋备用。

（4）制作奶油霜：用牙签尖端蘸取少许粉红食用色素加入淡奶油中，用电动打蛋器搅打将颜色混匀，将颜色调整至与基底黄油霜相近，搅打至 6 分发，保留些微流动性的状态备用。

（5）组合与装饰：

①取粉色与绿色蛋糕条各一，将黄油霜在接缝处涂抹均匀，作为黏合剂，将两条蛋糕结合后，上方均匀涂上一层黄油霜。

②再取另一条绿色蛋糕条，放在刚抹好黄油霜的粉色蛋糕条上方，侧面抹上黄油霜，再将最后一条粉色蛋糕条放上，确保相邻的蛋糕条都是不同颜色。如有剩余黄油霜，可在蛋糕表面均匀地薄涂一层，冷藏半小时（或冷冻15分钟），帮助蛋糕定型。

③取出蛋糕，用抹刀蘸取浅粉色奶油霜，在蛋糕表面均匀涂抹，做成表面平滑的长方体造型。

④取颜色较深的粉色黄油霜，用裱花袋在蛋糕上画"Z"字形装饰，再撒上花瓣与切碎的开心果等装饰材料，就能调出优雅的粉色啦！

成品特点：

香酥可口，口感松软。

··学习情境九　南瓜巧克力蛋糕的制作

品种名称：南瓜巧克力蛋糕（如图 10-31 所示）。

图 10-31　南瓜巧克力蛋糕

用料情况：

南瓜巧克力蛋糕：无盐黄油（室温软化）100g；细砂糖 100g；低筋面粉 100g；全蛋液（室温）80g（约 2 个）；黑巧克力 40g；带皮南瓜块 120g；熟南瓜泥 40g。

糖酒液：水 15g；细砂糖 8g；黑朗姆酒 10g。

制作过程：

（1）准备工作：提前将烤箱预热 180℃。

①南瓜洗净后，取半个带皮切小块，另半个去皮，放入锅中煮软。称出煮软的带皮南瓜

块 120g 备用（尽量沥干水分）；另外取去皮的熟南瓜，用刀背碾成泥，取 40g 备用。

②将两个鸡蛋完全打散（如果鸡蛋刚从冷藏室取出，可放在温水中回温至室温）。

（2）无盐黄油 100g 室温软化（如室温太低，可中火微波 10～15 s），分次加入细砂糖 100g，以厨师机或电动打蛋器打发。

（3）接着加入室温的全蛋液 80g，搅打至完全融合。

（4）在黄油鸡蛋糊中筛入低筋面粉 100g。

（5）以刮刀拌至完全无干粉和结块。

（6）面糊中加入南瓜泥 40g 拌匀。再加入熟南瓜块 120g，将南瓜块与面糊轻轻拌在一起，别把南瓜块压变形了。

（7）面糊倒入模具中。

（8）以刮刀将面糊整理成两端高，中间稍微低的形状。

（9）将黑巧克力碎均匀铺在蛋糕表面。

（10）完成后放入烤箱中层，上下火 180℃烤 45 min。

（11）蛋糕入炉烘烤的这段时间，可开始制作糖酒液。在奶锅中倒入清水 15g、细砂糖 8g，煮至微沸。

（12）砂糖融化后离火，倒入黑朗姆酒搅匀。

（13）蛋糕出炉后，趁热刷上糖酒液，稍凉后以保鲜膜包起冷藏 1～2 天，待回油后品尝，风味最佳。

温馨提示：这款蛋糕属于磅蛋糕，放置 1～2 天回油后，是品尝的最佳时机，冷藏可保存 5～7 天。

关键要领：

面糊制作过程，要严格控制用料配方。

成品特点：

口感松软可口，甜而不腻。

第十一章 面包的制作

第一节 软质面包

任务一 夹馅面包

·· 学习情境一 紫米红豆面包的制作

品种名称：紫米红豆面包（如图 11-1 所示）。

图 11-1 紫米红豆面包

用料情况：

主料：

表 11-1 主料配比表

原材料名	配方比	用量（g）
强力面粉	100	1000
糖	22	220
盐	1	10
脱脂奶粉	2	20
鲜酵母	3	30

续表

原材料名	配方比	用量（g）
炼乳	3	30
水	30	300
牛奶	15	150
全蛋	15	150
蛋黄	5	50
黄油	10	100

馅料：

表 11-2　馅料配比表

紫米红豆馅	
紫米	200g
红豆馅	100g

（1）将紫米浸泡一夜，只用指甲可以轻松切断。

（2）用电饭锅煮饭模式将紫米煮熟，拌入红豆馅，晾凉分割成 30g 每个备用。

（3）蛋液调制：一个鸡蛋、一个蛋黄、10g 淡奶油混合均匀备用。

制作过程（如图 11-2 所示）：

表 11-3　制作发酵时间表

紫米红豆面包	
搅拌	L3M7↓L3M1
面团温度	26～28℃
发酵时间	30℃80％发酵 1 h
分割重量	55g
中间松弛	室温松弛 30 min
成型	30g 馅包圆
最终发酵	28℃发酵 50 min
烘烤	200℃/170℃ 8 min

（1）将面团按照 L3M7↓L3M1 搅拌出手套膜。

（2）表面整理光滑，放入醒发箱，进行基础醒发至两倍大。

（3）分割面团 55g 一个，室温松弛 30 min。

（4）包入馅料，进行最终发酵，至面包两倍大。

（5）均匀地在表面刷满蛋液，白色芝麻点缀。

（6）送入烤箱，上火 170℃，下火 200℃，时间 8 min。

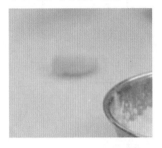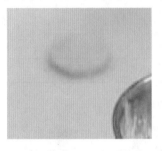

图 11-2　紫米红豆面包制作

··学习情境二　肉松卷面包的制作

品种名称：肉松卷面包（如图 11-3 所示）。

图 11-3　肉松卷面包

用料情况：

主料：

表11-4　主料配比表

原材料名	配方比	用量（g）
强力粉	100	1000
糖	22	220
盐	1	10
脱脂奶粉	2	20
鲜酵母	3	30
炼乳	3	30
水	30	300
牛奶	15	150
全蛋	15	150
蛋黄	5	50
黄油	10	100
		2060

馅料：

（1）火腿、小香葱切成小丁备用。

（2）沙拉酱、肉松若干装盘备用。

（3）蛋液调制：一个鸡蛋、一个蛋黄、10g淡奶油混合均匀备用。

制作过程（如图11-4所示）：

表11-5　制作过程表

肉松卷面包	
搅拌	L3M7↓L3M1
面团温度	26～28℃
发酵时间	30℃80％发酵1h

续表

肉松卷面包	
分割重量	1000g
中间松弛	室温松弛 30 min
成型	面团擀开和烤盘一样大
最终发酵	28℃发酵 50 min
烘烤	200℃/195℃12 min

（1）将面团按照 L3M7↓L3M1 搅拌出手套膜。

（2）表面整理光滑，放入醒发箱，进行基础醒发至两倍大。

（3）分割面团 1000g 一个，室温松弛 30 min。

（4）面团擀开和烤盘一样大，用扎孔器均匀地将面饼扎满孔洞，防止烤制时出现鼓包。

（5）放入醒发箱，发酵至两倍厚。

（6）均匀地刷满蛋液，撒适量的小香葱和火腿碎。

（7）送入烤箱，上火 195℃，下火 200℃，时间 12 min。

（8）出炉后，倒扣至油纸上。

（9）等待面包冷却后，在面包底部刷适量沙拉酱，放入肉松卷起，切块。

（10）切块后在两面切口处刷适量沙拉酱沾满肉松完成。

图 11-4　肉松卷面包制作

{任务二　传统日式面包}

··学习情境一　日式菠萝包的制作

品种名称：日式菠萝包（如图 11-5 所示）。

图 11-5　日式菠萝包

用料情况：

主料：

表 11-6　主料配比表

日式菠萝包		
原材料名	配方比	用量（g）
中种		
山茶花	70	700
砂糖	3	30
鲜酵母	2	20
鸡蛋	30	300
水	12	120

日式菠萝包		
主面团		
山茶花	10	100
百合花	20	200
鲜酵母	2	20
砂糖	25	250
盐	0.80	8
脱脂奶粉	4	40
黄油	20	200
水	12	120

表面装饰：

表 11-7　表面装饰材料配比表

日式菠萝皮	
黄油	200g
砂糖	225g
盐	3g
蛋黄	140g
低筋面粉	425g
珍珠糖	适量

（1）黄油室温软化。

（2）将除低筋面粉以外的其他材料混合均匀。

（3）逐步地拌入低筋面粉。

（4）将菠萝皮揉软后分成 25g 一个放置一旁备用。

制作过程（如图 11-6 所示）：

表 11-8　制作过程表

日式菠萝包	
搅拌	L3M6↓L3M1
面团温度	28℃
发酵时间	30℃75％发酵 30～40 min
分割重量	40g
中间松弛	室温松弛 30 min
成型	揉圆菠萝皮 25g，包住粘珍珠糖
最终发酵	室温发酵 2 h
烘烤	200℃/230℃12 min

（1）将面团按照 L3M6↓L3M1 搅拌出手套膜。

（2）表面整理光滑，放入醒发箱，进行基础醒发至两倍大。

（3）分割面团 40g 一个，揉圆，室温松弛 30 min。

（4）将菠萝皮压扁放置于掌心，将松弛好的面团顶部一点一点地包裹进菠萝皮中。

（5）放入醒发箱，发酵至两倍。

（6）均匀地刷满蛋液，撒适量珍珠糖。

（7）送入烤箱，上火 200℃，下火 230℃，时间 12 min。

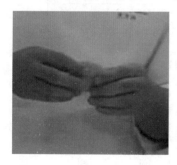

图 11-6　日式菠萝包制作

··学习情境二　樱花红豆包的制作

品种名称：樱花红豆包（如图 11-7 所示）。

图 11-7　樱花红豆包

用料情况：

主料：

表 11-9　主料配比表

樱花红豆包		
原材料名	配方比	用量（g）
中种		
山茶花	70	700
砂糖	3	30
鲜酵母	2	20
鸡蛋	30	300
水	12	120
主面团		
山茶花	10	100
百合花	20	200
鲜酵母	2	20
砂糖	25	250
盐	0.80	8
脱脂奶粉	4	40
黄油	20	200
水	12	120

内馅、表面装饰：

表 11-10　内馅及表面装饰配比表

红豆馅	
生红豆	300g
砂糖	40g
蜂蜜	100g
淡奶油	250g
黄油	75g
烤前装饰	
盐渍樱花	
内馅	
红豆馅	30g

（1）将生红豆浸泡一夜，煮制红豆软烂。

（2）加入红豆馅儿内其他材料。

（3）小火将红豆馅炒干，分30g，每个备用。

制作过程（如图 11-8 所示）：

表 11-11　制作过程表

工程	具体制作过程
搅拌	L3M6↓L3M1
面团温度	28℃
发酵时间	30℃75％30～40 min
分割重量	40g
中间松弛	松弛 30 min
成型	包 30g 红豆馅包成圆形
最终发酵	30℃80％发酵 1 h
烘烤	200℃/200℃2 分钟压烤盘 5 min

（1）将面团按照 L3M6↓L3M1 搅拌出手套膜。

（2）表面整理光滑，放入醒发箱，进行基础醒发至两倍大。

（3）分割面团 40g 一个，揉圆，室温松弛 30 min。

（4）包入 30g 红豆馅儿呈圆形。

（5）30℃80％发酵 1 h，至两倍大。

（6）上下火 200℃，先烤 2 min。

（7）装饰盐渍樱花，垫上烤盘纸压烤盘再烤 5 min。

（8）出炉后转移至冷却装置晾凉。

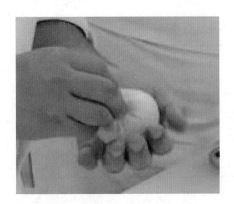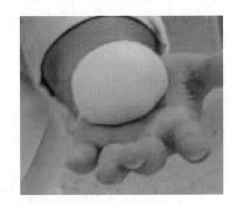

图 11-8　樱花红豆包制作

任务三 软欧面包

· · 学习情境一 草莓旋风棒的制作

品种名称：草莓旋风棒（如图 11-9 所示）。

图 11-9 草莓旋风棒

用料情况：

主料：

表 11-12 主料配比表

草莓旋风棒		
原材料名	配方比	用量（g）
高筋面粉	100	1000
糖	10	100
奶粉	4	40
鲜酵母	2	20
烫种	15	150
盐	1	10
水	60	600
黄油	8	80

内馅、表面装饰：

表 11-13　内馅及表面装饰配比表

旋风奶油		
淡奶油		200g
糖粉		50g
奶油奶酪		100g
粉色酥粒		
黄油		100g
砂糖		100g
高粉		200g
红色色淀		1g
糖霜		
淡奶油		50g
糖粉		30g
融化的白巧克力		50g

旋风奶油制作：

（1）奶油奶酪室温软化。

（2）将软化好的奶油奶酪打至微发。

（3）加入淡奶油和糖打发。

粉色酥粒制作：

（1）黄油室温软化。

（2）加入粉色酥粒其他材料。

（3）用手搓至小颗粒。

糖霜制作：

（1）将白巧克力和淡奶油隔水融化混合均匀。

（2）塞入糖粉搅拌均匀，装裱花袋备用。

制作过程：

表 11-14　制作过程表

工程	具体制作过程
搅拌	L3M5↓L2M1
面团温度	26~28℃
发酵条件	温度 28℃ 湿度 75％ 1 h
分割重量	100g/个
中间松弛	松弛 30 min
成型	卷起呈长条形蘸上酥粒
最终发酵	30℃ 80％ 发酵 50 min
烘烤	200℃/180℃ 12 分钟蒸汽 5 s

（1）将面团按照 L3M5↓L2M1 搅拌出手套膜。

（2）表面整理光滑，放入醒发箱，进行基础醒发至两倍大。

（3）分割面团 100g 一个，揉圆，室温松弛 30 min。

（4）卷起呈长条形，喷水蘸上酥粒。

（5）放入醒发箱发酵 50 min，发酵 1.5~2 倍大。

（6）送入烤箱喷蒸汽 5 s，烤制 12 min。

（7）出炉完全晾凉后用锯刀切开，注意不要完全切断。

（8）挤入之前打好的旋风奶油，插入装饰物，糖霜装饰完成。

··学习情境二　黑糖桂圆的制作

品种名称：黑糖桂圆（如图 11-10 所示）。

图 11-10　黑糖桂圆

用料情况：

主料：

表 11-15　主料配比表

黑糖桂圆		
原材料名	配方比	用量（g）
种面		
山茶花	25	250
百合花	20	200
酵母	0.80	8
水	10	100
葡萄汁	25	250
		808

黑糖桂圆		
主面		
百合花	45	450
全麦粉	10	100
红糖水	216	160
盐	1.8	18
酵母	1.8	18
红酒	15	150
水	25	250
桂圆	30	300
核桃仁	15	150
红糖水		
红糖		100
水		100

制作过程（如图 11-11 所示）：

表 11-16 制作过程表

工程	具体制作过程
搅拌	种面发 2h 2 倍大 L3M3↓L1
面团温度	26℃
发酵条件	26℃75％发酵 1 h
分割重量	250g
中间松弛	室温发酵 30 min

续表

成型	橄榄形
最终发酵	室温发酵 50 min
烘烤	230℃/180℃ 20 min

（1）红糖加水 1:1 煮至黏稠，晾凉备用。放置一夜，核桃仁烤干去皮。

（2）将面团按照 L3M5↓L2M1 搅拌出手套膜。

（3）加入泡过酒的桂圆和烤熟的核桃仁，慢速搅拌均匀。

（4）表面整理光滑，放入醒发箱，进行基础醒发至两倍大。

（5）分割面团 250g 一个，揉圆，室温松弛 30 min。

（6）放入室温发酵 50 min，发酵 1.5～2 倍大。

（7）割菱形刀口，送入烤箱烤制 20 min。

（8）转入冷却装置，晾凉。

图 11-11　黑糖桂圆制作

《任务四 吐司面包》

·· 学习情境一 醇香牛奶吐司的制作

品种名称：醇香牛奶吐司（如图 11-12 所示）。

图 11-12 醇香牛奶吐司

用料情况：

主料：

表 11-17 主料配比表

醇香牛奶吐司		
原材料名	配方比	用量（g）
山茶花	100	1000
糖	15	150
酵母	2	20
盐	1.6	16
牛奶	55	550
奶粉	4	40
鸡蛋	5	50

醇香牛奶吐司		
淡奶油	15	150
酸奶	5	50
黄油	10	100

制作过程：

表 11-18　制作过程表

工程	操作的具体细节点
搅拌	完全扩展
面团温度	26～28℃
发酵时间	温度 30℃ 湿度 75％ 1h 左右
分割重量	100g
中间松弛	室温 30 min
成型	卷圆柱形
最终发酵	九分满
烘烤	150℃/220℃烘烤 25 min

（1）将面团搅拌至完全扩展阶段。

（2）表面整理光滑，放入醒发箱，进行基础醒发至两倍大。

（3）分割面团 100g 一个，揉圆，室温松弛 30 min。

（4）整理成圆柱形。

（5）450g 的吐司盒喷脱模油，放入 4 个成型后的面包生胚。

（6）最终发酵至吐司盒九分满。

（7）剪刀沾水，将每个生胚从中间剪开，深度为 3～4cm。

（8）刀口处挤黄油。

（9）送入烤箱烘烤 25 min。

（10）出炉后轻轻敲打吐司盒，快速脱模，转移至冷却架晾凉。

· · 学习情境二　经典布里欧修面包的制作

品种名称：经典布里欧修面包（如图 11-13 所示）。

图 11-13　经典布里欧修面包

用料情况：

主料：

表 11-19　主料配比表

经典布里欧修面包		
原材料名	配方比	用量（g）
山茶花	100	1000
蛋黄	15	150
鸡蛋	15	150
牛奶	38	380
鲜酵母	4	40

经典布里欧修面包		
盐	2	20
糖	15	150
黄油	35	350

制作过程：

表 11-20　制作过程表

工程	具体制作过程
搅拌	L3M6↓L6M2
面团温度	最佳面温 26℃
发酵时间	常温 30 min，速冻冻硬冷藏一夜
分割重量	50g/个揉圆
中间松弛	冷藏 30 min
成型	
最终发酵	温度 28℃，湿度 80%，60～80 min
烘烤	表面刷蛋液，210℃/150℃10 min

（1）将面团按照 L3M6↓L6M2 搅拌出手套膜。在布里欧修面团搅拌时需要注意控制面团的温度。因为含油量较大，需要分 2～3 次加入黄油。最佳出缸温度为 26℃。

（2）表面整理光滑，常温醒发 30 min。速冻冻硬后冷藏一夜。

（3）分割面团 50g 一个，揉圆，冷藏松弛 30 min。

（4）最终成型 2 股辫、5 股辫、6 股辫等。

（5）最终发酵温度 28℃，湿度 80%，发酵 60～80 min。

（6）表面刷蛋液。上火 210℃，下火 150℃，2 股辫 13 min，5 股辫、6 股辫 18 min。

两股辫编法（如图 11-14 所示）：

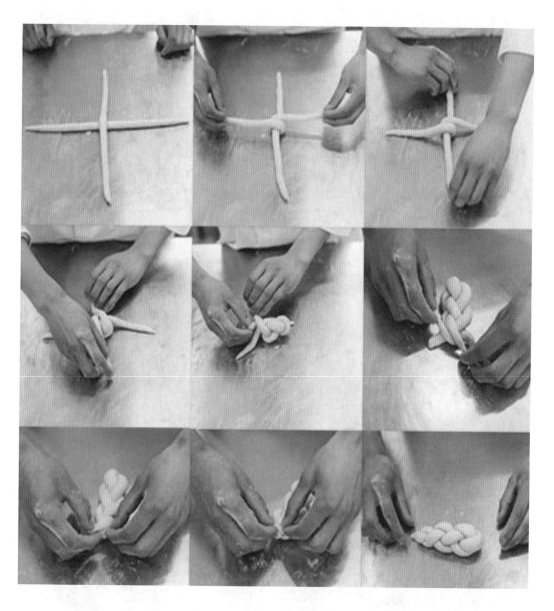

图 11-14　两股辫编法

五股辫编法：口诀 521323（如图 11-15 所示）

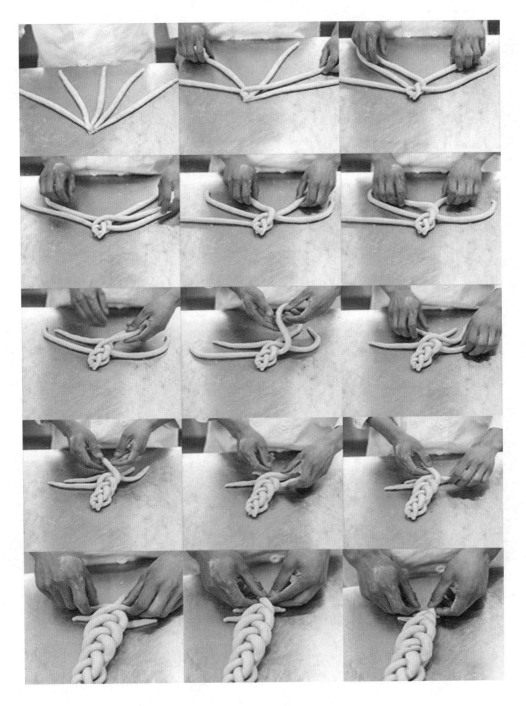

图 11-15　五股辫编法

六股辫编法（如图11-15所示）：

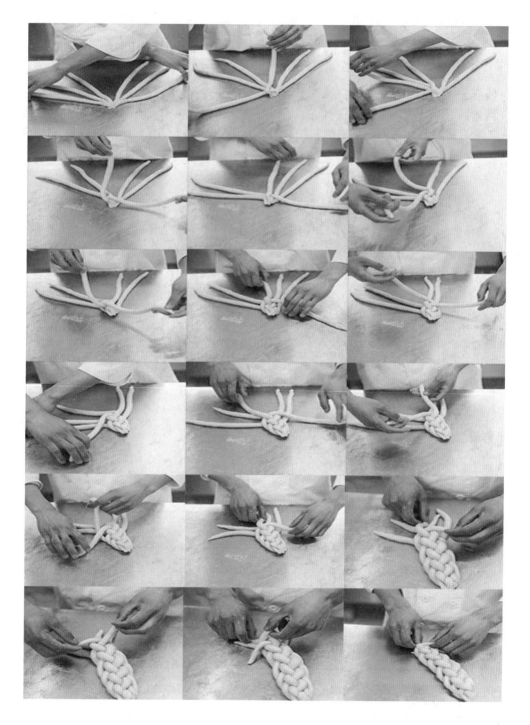

图11-16　六股辫编法

第二节　硬质面包与半硬质面包

任务一　现代日式面包

··学习情境一　芝麻地瓜包的制作

品种名称：芝麻地瓜包（如图 11-17 所示）。

图 11-17　芝麻地瓜包

用料情况：

（1）主料：

表 11-21　主料配比表

芝麻地瓜包		
原材料名	配方比	用量（g）
百合花	100	1000
盐	2	20
麦芽精	0.80	8
低糖干酵母	0.80	8
水	66	660
法国老面	20	200
芝麻	2	20

（2）内馅：

表 11 - 22　内馅配比表

地瓜馅	
地瓜	1400g
砂糖	150g
黄油	150g

南瓜蒸熟，拌入砂糖和黄油，如果水分太大小火炒干，装裱花袋备用。

制作过程：

表 11 - 23　制作过程表

工程	具体制作过程
搅拌	L6M1
面团温度	24℃
发酵时间	30℃75％发酵 1.5h
分割重量	100g
中间松弛	室温松弛 50 min
成型	抹 40g 地瓜馅卷圆柱形对半切开两股辫
最终发酵	30℃80％发酵 1h
烘烤	240℃/230℃喷蒸汽 3s 烘烤 12 min

（1）将面团按照 L6M1 搅拌到完全扩展阶段。

（2）表面整理光滑，放入醒发箱，进行基础醒发至两倍大。

（3）分割面团 100g 一个，室温松弛 50 min。

（4）将松弛好的面团擀成宽度为 15cm 的长方形，挤入 40g 地瓜馅，卷起呈圆柱形（条形）。

（5）沿条形接口处对半切开头部留 0.5cm，不要切断。

（6）左右交叉编两股辫，送入醒发箱，最终发酵 1 h，至 2 倍大。

（7）送入烤箱，喷蒸汽 3 s 烘烤 12 min。

··学习情境二　日式核桃无花果包的制作

品种名称：日式核桃无花果包（如图 11-18 所示）。

图 11-18　日式核桃无花果包

用料情况：

（1）主料：

表 11-24　主料配比表

日式核桃无花果包		
原材料名	配方比	用量（g）
百合花	90	900
黑麦粉	10	100
盐	2	20
低糖干酵母	0.60	6
麦芽精	0.30	3
水	67	670
法国老面	50	500
核桃	30	300

（2）内馅：

表 11-25　内馅配比表

自制无花果酱	
无花果干（大）	200g
葡萄酒醋	70g
蜂蜜	30g
砂糖	50g
水	100g

①将无花果剪成小块儿。

②将自制无花果酱中的所有材料混合，大火煮到浓稠。

制作过程：

表 11-26　制作过程表

工程	具体制作过程
搅拌	L6M1
面团温度	24℃
发酵条件	30℃75％发酵45 min
分割重量	120g
中间松弛	室温松弛30 min
成型	排气再滚圆（不要太紧）
最终发酵	30℃80％发酵1h
烘烤	240℃/230℃喷蒸汽3s烘烤13 min

（1）将面团按照L6M1搅拌到完全扩展阶段。

（2）将烤熟的核桃加入面团，慢速搅拌均匀。

（3）表面整理光滑，放入醒发箱，发酵45 min，翻面后再发酵45 min。

（4）分割面团120g一个，揉圆，室温松弛30 min。

（5）排气包入自制无花果酱，再滚圆。

（6）最终发酵1h至面包2倍大。

（7）略微压平，上下左右剪开，侧面也剪开。

（8）送入烤箱喷蒸汽3 s，烘烤13 min。

《任务二 法式面包》

· · 学习情境一 传统法棍面包的制作

品种名称：传统法棍面包（如图 11-19 所示）。

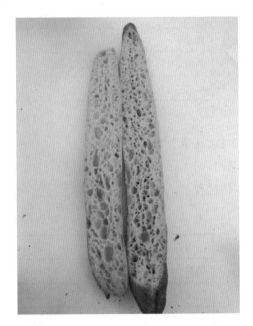

图 11-19 传统法棍面包

用料情况：

主料：

表 11-27 主料配比表

传统法棍面包		
原材料名	配方比	用量（g）
T65	100	1000
水	65	650
盐	2	20
鲜酵母	1	10
鲁邦种	20	200
水（分次）	10	100

制作过程（如图 11-20 所示）：

表 11-28　制作过程表

工程	具体制作过程
搅拌	水解 L5 常温 30 min L3M3
面团温度	最佳面温 24℃
发酵时间	常温 1.5h（可冷藏 0℃一夜）
分割重量	350g/个短棍状
中间松弛	常温 30 min
成型	长棍形
最终发酵	常温 40～60 min
烘烤	划 5 刀 240℃/230℃喷蒸汽 5 s 烘烤 25 min

（1）将面粉与水慢速混合均匀，常温水解半小时。

（2）加入除酵母以外的其他材料，水要分两到三次加入，每次加水都要先把面团打到完全扩展阶段，再加入下一次水。

（3）加入鲜酵母搅拌均匀。

（4）放入喷好脱模油的发酵盒内常温醒发 1.5 小时（也可以 0℃冷藏一夜）。

（5）将基础醒发好的面团分割成 350g/个，整理成短棍状。

（6）中间松弛 30 min（隔夜冷藏基础醒发的需要中间松弛 1h）。

（7）整形成传统法棍长棍状。

（8）常温发酵 60 min（隔夜基础发酵的需要最终发酵 90 min）。

（9）冷冻 5 min，划 5 条刀口。

（10）送入烤箱喷蒸汽 5s，上火 240℃，下火 230℃，烘烤 25 min。

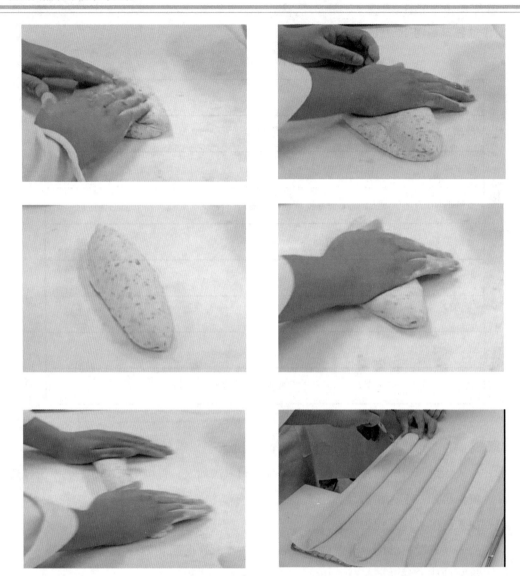

图 11-20　传统法棍面包制作

注意事项：

（1）水解阶段中将水和面粉混合静置，可以帮助面团快速形成面筋，并且可以减弱面筋的强度，方便整形，减少搅拌的过程，也可以最大限度地保存面包中的麦香味。

（2）成型时使用发酵布会使面团不粘桌面，有利于操作。

（3）烘焙时使用落地烘烤（贴炉烤）。

（4）将发酵好的面团放置冷藏，有利于烘焙膨胀。

·· 学习情境二　夏巴塔面包的制作

品种名称：夏巴塔面包（如图 11-21 所示）。

图 11-21　夏巴塔面包

用料情况：

主料：

表 11-29　主料配比表

夏巴塔面包		
原材料名	配方比	用量（g）
T65	100	1000
水	65	650
盐	1.80	18
鲜酵母	1	10
鲁邦种	25	250
水（分次）	15	150
橄榄油	7	70
高熔点芝士	20	200
玉米粒	20	200
藤椒	1	10

制作过程（如图 11-22 所示）：

表 11-30　制作过程表

工程	具体制作过程
搅拌	水解 L5 常温 30 min L3M5 ↓ L2M1
面团温度	最佳面温 24℃
发酵时间	常温 2h
分割重量	无
中间松弛	无
成型	长方形
最终发酵	20 min，再冷藏 30 min
烘烤	蒸汽 5s，240℃/230℃ 20 min

（1）将面粉与水慢速混合均匀，常温水解 30 min。

（2）加入除酵母、橄榄油、高熔点芝士、玉米粒、藤椒以外的其他材料，水要分两到三次加入，每次加水都要先把面团打到完全扩展阶段，再加入下一次水。

（3）加入鲜酵母搅拌均匀，加入橄榄油慢速至完全吸收。

（4）加入高熔点芝士、玉米粒、藤椒，慢速搅拌均匀。

（5）放入喷好脱模油的发酵盒内，室温基础发酵 1h 翻面后再发酵 1h。

（6）表面撒粉倒扣在发酵布上，铺平后盖上发酵布，室温发酵 50 min 至 1h。

（7）平均分割成长方形，搓出纹路放在发酵布上室温 20 min。

（8）转移至冷藏 30 min。

（9）送入烤箱喷蒸汽 5s，上火 240℃，下火 230℃，烘烤 20 min。

图 11-22　夏巴塔面包制作

《任务三 德式面包》

·· 学习情境一 德国结的制作

品种名称：德国结（如图 11-23 所示）。

图 11-23 德国结

用料情况：

主料：

表 11-31 主料配比表

德国结		
原材料	配方比	用量（g）
T45	100	1000
盐	2	20
鲜酵母	1	10
牛奶	65	650
鲁邦种	20	200

表面装饰：

烘焙盐

表 11-32　表面装饰表

碱水比例	
水	1000
碱	30

将水和烘焙碱混合均匀，烧开后晾凉备用。

制作过程（如图 11-24 所示）：

表 11-33　制作过程表

工程	具体制作过程
搅拌	冷藏水解 30 min L3M6
面团温度	26℃左右
发酵时间	无
分割重量	70g/个椭圆形
中间松弛	10～20 min
成型	搓长条，中间粗两头尖 60cm 左右绕成德国结形状
最终发酵	冷藏 1h 左右泡碱水 30s
	表面划刀口，撒烘焙盐
烘烤	240℃/230℃烘烤 12 min 出炉喷水或牛奶

（1）将面粉与水慢速混合均匀，常温水解 30 min。

（2）然后按照 L6M1 搅拌到完全扩展阶段。

（3）分割成 70g/个揉椭圆形。

（4）中间松弛 10～20 min。

（5）搓长条，中间粗两头尖，60 cm 左右绕成德国结形状。

（6）冷藏一小时左右，泡碱水 30s。

（7）捞出后表面划刀口，撒上烘焙盐。

（8）上火 240℃，下火 230℃，烘烤 12 min 出炉，喷水或牛奶。

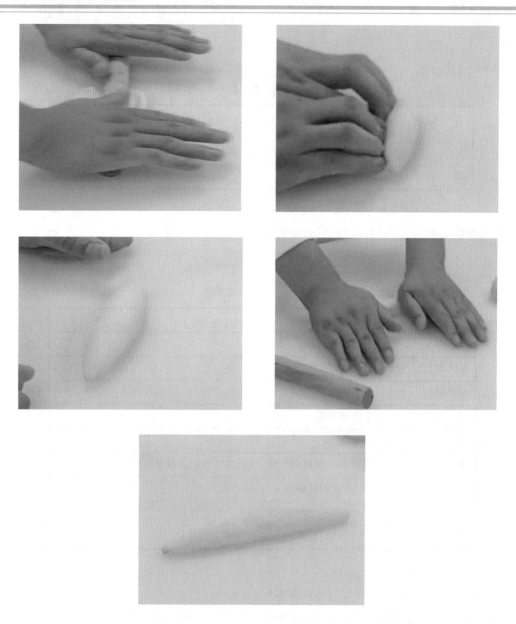

图 11-24　德国结制作

注意事项：

（1）搅拌时要注意面团的筋度，如果面筋不到位，会导致在后面的制作过程中面团无法搓开。

（2）在搓长的过程中一定要注意，中间松弛。如果中间松弛不到位，也会导致无法搓开。

（3）在浸泡碱水时注意要佩戴手套，防止碱水烧伤手。

第三节　起酥面包

任务　起酥面包

··学习情境　牛角包的制作

品种名称：牛角包（如图 11-25 所示）。

图 11-25　牛角包

用料情况：

主料：

表 11-34　主料配比表

牛角包		
原材料名	配方比	用量（g）
T45	100	1000
鲜酵母	4	40
盐	2	20
糖	13	130
鲁邦种	20	200
鸡蛋	5	50
牛奶	10	100
水	33	330
黄油	10	100

制作过程（如图 11-26 所示）：

表 11-35　制作过程表

工程	具体制作过程
搅拌	L26M1
面团温度	26℃
发酵时间	室温发酵 20 min
分割重量	1500g
中间松弛	擀开冷冻冻硬冷藏一夜
成型	包 250g 片状黄油三折一次四折一次
最终发酵	28℃80％发酵 2.5 h
烘烤	210℃/190℃12 min

（1）将除片状黄油外的所有材料倒入面缸中进行搅拌。

（2）搅拌至面团表面光滑，有延展性，并能拉开面膜。

（3）将面团表面整理光滑，放置室温发酵 20 min。

（4）发酵好的面团擀开放在烤盘上，并放入冰箱冷冻 30 min，再冷藏 20 min。

（5）将片状黄油敲打至 22cm×22 cm，增强油的延展性。将面团取出擀压至油脂的两倍大，并把油脂包入。

（6）将面团两侧切开。

（7）用擀面杖稍加擀压一下，使面团和油脂更加贴合。

（8）将包好油脂的面团用开酥机进行擀压至 0.5cm 厚，进行一次四折。

（9）将折好的面团再进行擀压至 0.6cm 厚，进行一次三折并放入冰箱冷冻 15 min，再冷藏 20 min。

（10）将制作好的面团擀开至 0.4cm 厚擀压一边至 32cm 宽。

（11）将面团边缘多余部分裁掉，并裁成 10cm×30cm 的等腰三角形，每个约 78g。

（12）将切好的面团折叠并搓开卷起，卷起时注意不要过紧，防止后期烘烤时断裂。

（13）送入醒发箱中，28℃80％发酵 2.5 h。

（14）表面刷上蛋液，上火 210℃，下火 190℃，烘烤 12 min。

图 11-26 牛角包制作

注意事项：

（1）制作起酥面团时要保持油脂和面团的温度一致，否则会导致断油。

（2）制作时温度不宜过高，也不宜将面团放置室温过久，否则会导致面团油脂融化，影响制作。

（3）成型时速度一定要快，不宜将面团停留在手中，过久手的温度会影响面团，可借助冰烤盘来进行操作。

（4）切割时一定要一次切断面团，切勿多次来回去切。

（5）醒发时温度过高会导致油脂从面团中渗出，影响出品。

（6）烘焙过程中不要开炉门，否则会导致面包坍塌缩腰。

第十二章　混酥类的制作

・・学习情境一　桃酥的制作

品种名称：桃酥（如图12-1所示）。

图12-1　桃酥

用料情况：

低筋面粉400g；高筋面粉100g；泡打粉8g；小苏打3g；白砂糖240g；色拉油250g；鸡蛋2个。

配料：

白芝麻少许。

制作过程：

（1）面过筛。

（2）加入糖、油、蛋搅匀，糖融化一半，倒入面粉中搅匀。

（3）分团然后压扁。

（4）刷油，撒芝麻，然后入炉。

温度：上下火190/180℃。时间：20 min。

成品特点：酥甜香脆。

类似品种：花生酥。

关键要领：

搅拌时注意不能出筋，否则影响酥松口感。

文化溯源：

桃酥起源于江西，是一种南北皆宜的汉族传统特色小吃，以其干、酥、脆、甜的特点闻名全国，主要成分是面粉、鸡蛋、油酥等。相传在唐元时期，江西景德镇周边县乐平、贵溪、鹰潭等地农民纷纷前往做陶工，由于工作繁忙，当时有一位乐平农民将自家带来的面粉搅拌后直接放在窑炉表面烘焙，由于其常年咳嗽，平日里常有食桃仁止咳的习惯，故在烘焙时会加入桃仁碎末。其他瓷工见此法做的干粮便于日常保存和长途运送瓷器时食用，便纷纷效仿，因此取名"陶酥"。后谐音为桃酥。

··学习情境二　黄金椰球的制作

品种名称：黄金椰球（如图12-2所示）。

图12-2　黄金椰球

用料情况：

黄油50g；蛋黄40g；白砂糖65g；低筋面粉20g；鲜牛奶20g；椰蓉135g；吉士粉少许。

制作过程：

（1）黄油加糖混合均匀，搅拌至糖融化、黄油发白。

（2）加入蛋黄和牛奶混合均匀。

（3）加入面粉，混合均匀。

（4）加入椰蓉，混合均匀。

（5）10g 分团，搓圆并滚上蛋黄液然后入炉。

温度：上下火 150℃/150℃。时间：20 min。

成品特点：

椰香可口。

关键要领：

（1）搓球不能太用力，否则口感硬。

（2）涂蛋液是为了颜色黄亮，口感好。

类似品种： 椰奶酥

文化溯源：

椰子的发源与变迁

对于椰子具体的发源地，由于它超强的物种跃迁能力和诸多现存品种已经变得不是那么容易确定，虽然植物学分类中，棕榈目、棕榈科、椰子属下仅有椰子树一种植物，但事实上早已演化出野生种、栽培种和栽培种里的高种、矮种及杂交种多类，椰子的原产地目前的说法主要集中在南美、印度洋中的塞舌尔群岛以及南洋群岛三个地点，至于最后究竟"花落谁家"，还需要相关学者们的考证。

我国关于椰子的历史比较清晰，早在两千多年前，海南地区就从越南引入椰子开始广泛地种植。在中国第一篇有关椰子的文献记录出自西汉文学家司马相如的《上林赋》中对汉武帝建造的上林苑的一段描写，这段描写精练而全面地罗列了苑中的栽培物种：沙棠栎槠，华枫枰栌，留落胥邪，仁频并闾，欃檀木兰，豫章女贞。其中的"胥邪"是指椰子树。

《三国志》记载道：诸葛亮称椰子为"异物"，并说"不令小邦有些异物，多食动气也"。而命令士兵大举砍伐。可见当时我国云南地区就已经有了椰子树的栽培。

时至宋代，著名诗人苏东坡被贬谪居儋耳（今海南），还曾为椰子作诗云"天教日饮俗全丝，美酒生林不待仪。自漉疏巾邀醉客，更将空壳付冠师"前两句说的是椰子水，后两句说的就是可编织做冠的椰子壳，而这种椰子壳纤维和椰子叶编织的大沿尖顶的草帽也被后人称为"东坡帽"，不仅是我国，椰子的纤维也同样被基里巴斯岛上的土著人发现了它坚韧不易断的奥秘，当地人除了做衣服，还会加厚这些纤维制成在战争中抵御利器的铠甲，可以说十分实用。

在明代，由于我国传统医学代表李时珍的存在，几乎所有可以入嘴的东西都被"编码"出了性味归经和功能主治。在《本草纲目·果部》中，椰子得到了"皆可糖煎为果。其壳可为酒器，如酒中有毒，则酒沸起或裂破。"这样一句话，证明当时的椰子早就做糖和点心了，而现在大火的"椰子碗"在明代也不稀奇，不仅能当容器，还能验毒，遇到毒酒就会令酒沸腾，椰子壳自己也会爆炸，警示作用很明显。

近代的椰子已经不仅仅表现出它的食用价值和药用价值，其艺术价值也得到了空前的繁荣，在当时匠人们的发挥下甚至形成了独特的海南椰雕文化，时至今日，各类椰汁、椰果食品层出不穷，还有椰奶清补凉、椰浆咖喱等充满地方特色美味，令人很难想象，椰子竟然已经就这样度过了这么漫长的岁月。

· ·学习情境三　花生酥的制作

品种名称：花生酥（如图 12-3 所示）。

图 12-3　花生酥

用料情况：

低筋面粉 400g；高筋面粉 100g；泡打粉 8g；小苏打 3g；白砂糖 240g；色拉油 250g；鸡蛋 2 个。

配料：

烤花生碎适量。

制作过程：

（1）面粉过筛。

（2）糖加油加蛋然后搅匀，糖融化一半后倒入面粉中搅匀。

（3）加入花生碎，15g 分团搓球。

（4）刷油后入炉。

温度：上下火 190℃/180℃。时间：20 min。

成品特点：

酥甜香脆。

关键要领：

搅拌时注意不能上筋，否则影响酥松口感。

类似品种：桃酥。

·· 学习情境四　菠菜全麦司康（培根蔬菜司康）的制作

品种名称：菠菜全麦司康（培根蔬菜司康）（如图 12-4 所示）。

图 12-4　菠菜全麦司康（培根蔬菜司康）

用料情况：

黄油 38g；盐 7g；黑胡椒粒 4g；高筋面粉 190g；全麦面粉 60g；泡打粉 7g；菠菜碎 40g；胡萝卜 25g；奶油奶酪 50g；牛奶 188g。

黄油 38g；盐 10g；黑胡椒粒 5g；比萨草 3g；高筋面粉 250g；泡打粉 7g；培根片 60g；豌豆粒 30g；牛奶 195g；玉米粒 20g；黄油（炒培根、玉米用）15g；黑胡椒粒（炒培根、玉米用）少许。

制作过程：

（1）准备工作：

①豌豆提前煮熟，控干水分备用；培根片切成丁；胡萝卜切成丝，菠菜叶切碎。

②培根、玉米粒事先炒香，加热融化黄油，倒入培根和玉米，加少许黑胡椒粒炒出香味，晾凉备用。

（2）制作菠菜全麦司康：

①将黄油与盐、黑胡椒粒用手混合均匀，筛入所有粉类，继续用手混合均匀。

②加入牛奶，继续用手混合均匀，然后加入菠菜碎、胡萝卜丝和奶油奶酪继续混合均匀。

③将混合好的面团放入铺好油纸的方形烤盘中整形，用擀面杖将表面擀平。

④在桌子表面撒上一层薄粉，将整形好的司康面团倒扣在桌子上，在面团表面撒上一层薄粉防粘，然后用刮板或刀将司康面团切割成大小适中的形状。

⑤切好的司康放入烤盘，刷上一层全蛋液，放入烤箱中层，上下火 200℃，烤 20 min，至表面金黄色即可（如图 12-5 所示）。

图 12-5　菠菜全麦司康制作

（3）制作培根蔬菜司康：

①将黄油与盐、黑胡椒粒、比萨草用手混合，筛入所有粉类，继续用手混合均匀。

②加入牛奶，继续用手混匀，然后加入炒好的培根玉米粒和煮熟的豌豆粒，继续混匀。

③用同样的方法将面团整形并切块，在表面刷一层蛋液，撒上少许黑胡椒碎。

④放入烤箱，上下火 200℃，烤 20 min 至表面金黄色。

菠菜全麦司康因为添加了奶油奶酪，越嚼越香，如果不喜欢菠菜，可以换成其他蔬菜，如果没有全麦粉，将全麦粉换成等量的高筋面粉，密封常温保存 3 天。

关键要领：

面团制作过程，要严格控制用料配方。

成品特点：

口感松软可口，咸香。

文化溯源：

司康是一种传统的英式点心，它的名字来源于一块具有长久历史的石头——司康之石，是苏格兰皇室加冕的地方，属于英式快速面包。早期英国的司康形状为三角形，直接将面团处理成圆饼状，再进行分切即可。如今，司康的形状可以根据个人所需进行制作，圆柱形、方形均可。

司康（Scone）是英式下午茶的标配。根据《牛津英语词典》，Scone 这个词最早被提及是在 1513 年。最早的司康是圆而扁的，和一个中等大小的盘子一样大，而且是用平底锅做的，吃之前切成三角形。如今这两种点心分了家，大圆饼叫 Bannock，司康自立门户。从泡打粉普及开始，英国厨师开始改用烤炉来做司康，而它也渐渐发展成了我们现在熟悉的样子——经过起发的、质地松软轻盈的小面点。至于口味，则甜咸两相宜。甜的一般会加葡萄干、加仑干之类，搭配果酱和凝结奶油（Clottedcream），当然搭配黄油的也不少。咸的则主要集中在苏格兰，用土豆面做的，是苏格兰传统早餐的标配。

如今的司康已经是英国各种烘焙坊、百货商店、超市的标配，一项 2005 年的调查显示，英国的司康市场份额已经高达 6400 万英镑。

· · 学习情境五　多彩曲奇棍的制作

品种名称：多彩曲奇棍（如图 12-6 所示）。

图 12-6　多彩曲奇棍

用料情况：

黄油（放至室温）220g；细砂糖 120g；中筋面粉 260g；泡打粉 2g；盐 3g；牛奶 35mL；香草精几滴；黑巧克力 150g；坚果碎适量；糖果碎适量。

制作过程：

①烤箱预热上下火 175℃。

②将黄油和细砂糖打发至颜色变浅质地松软膨胀。

③在另一个碗中将面粉、泡打粉和盐混合均匀，然后分三次加入打发的黄油中，搅拌使它们混合，然后加入牛奶与香草精，不停地搅拌最终形成一个大面团。

④将面团压成圆饼状（如果太大可以分割成两个，压成圆饼状），然后用保鲜膜包好放进冰箱冷藏约 1h 使之变牢固。

⑤将变硬的面团取出后放在撒了面粉的操作台上，整形切成小棍状。然后将小面棍放在铺了烤纸的烤盘中，再放进冰箱冷藏 10 min 定型。

⑥放进烤箱烘烤 12～15 min 直到表面上色，酥香四溢。

⑦烘烤期间准备巧克力蘸料。将巧克力隔水融化，搅拌到丝滑柔顺，将完全冷却的饼干棒放进去蘸上巧克力酱，然后再在上面装饰上坚果碎或糖果碎。

关键要领：

黄油打发。

· · 学习情境六　养生红薯挞的制作

品种名称：养生红薯挞（如图 12-7 所示）。

图 12-7　养生红薯挞

用料情况：

模具：5 寸挞盘，可做 2 个。

挞皮：无盐黄油 190g；糖粉 80g；红薯 76g；蛋黄 2 个；低筋面粉 192g；高筋面粉 60g；香草精 1g。

红薯馅：无盐黄油 90g；炼乳 16g；糖粉 50g；全蛋液 68g；香草精 1g；红薯 96g；杏仁粉 120g。

顶部装饰：融化白巧克力（或炼奶）适量。

换算说明：

如果想做 2 个 4 寸，直接把配方减 1/3 操作即可；想做 1 个 8 寸，那就把配方分量乘 1.25 倍就可以了。多出的派皮，可以做成小挞，或者搓圆烤成酥饼。

制作过程（如图 12-8 所示）：

图 12-8　养生红薯挞制作

（1）准备工作：

①将红薯提前蒸熟或煮软，尽量沥干水分，称量需要分量后，用叉子或其他工具压碎。

②鸡蛋从冷藏室取出放至室温，或直接准备常温鸡蛋。

③黄油提前室温软化。

（2）制作挞皮：

①将软化的无盐黄油加入糖粉，用刮刀或蛋抽拌匀。

②加入红薯碎，搅拌均匀（这一步如果红薯的水分多，最后做出来的挞皮就会比较湿，所以准备的时候可以尽量把水分沥干，必要的话，可以压碎后再晾干一点）。

③加入 2 个蛋黄与香草精，搅拌均匀。

④将高筋面粉与低筋面粉混合筛入面糊中，搅拌均匀至看不见干粉，用保鲜膜包起冷藏 30 min。

⑤取出冷藏好的面团，擀成厚度 2～3mm 的挞皮，小心铺入挞模中，确保贴紧模具。接着削去多余挞皮，将剩余挞皮揉成团、擀至 2～3mm 放在油纸上，放入冰箱冷藏备用。

这款挞皮比起其他挞皮更软些，如果不好操作，就冻 5～10 min。

⑥在挞皮上均匀以叉子戳洞，再放入冰箱冷藏至馅料做好。

（3）制作馅料：

①在软化后的黄油中加入炼乳，搅拌均匀。

②依序加入糖粉、蛋黄、红薯，每一项都需搅拌均匀再加下一项（如有多余的蛋液，封上保鲜膜，待会儿可涂在挞皮表面）。

③加入杏仁粉，搅拌均匀后，倒入冷藏好的挞皮中抹平。

④将剩余的挞皮切成厚 2～3mm、宽 1cm、长度至少 15cm 的长条。此时可以开始以 200℃预热烤箱。

⑤制作红薯挞表面装饰。方法有两种可供参考。

a. 在油纸上编织，再移至挞上。取 5～6 根长条，直放在油纸上，再取长条打横上下交错，编成网状，然后转移（如果编好的时候太软不好转移，可以再冷藏或冷冻至稍硬）。

b. 直接在挞上编织。取 5～6 根长条，直放在填好馅的挞上，再取长条打横上下交错，编成网状。

⑥编织完成后，将模具边缘多余的挞皮用手按压去除，冷藏 10 min。如有剩余的蛋液，可在挞皮表面薄刷一层（如没有多余蛋液，又不想另打一个蛋，不涂也没关系，差别只在表面烘烤后有无光泽）。

⑦放入烤箱，以 180℃烤 30 min（如果想烤出金黄色，最后 10 min 要勤加注意烤箱内的状态，如果已经上色足够，但时间还没到，可以加盖一层锡箔纸）。

⑧出炉脱模晾凉后，淋上隔水融化的白巧克力。

文化溯源：

红薯，别称番薯、甘薯、朱薯、金薯、红山药、玉枕薯、山芋、地瓜、甜薯、红苕、白薯、阿鹅、萌番薯等。红薯原产于美洲中部墨西哥、哥伦比亚一带，由西班牙人携至菲律宾等国栽种。

番薯传入中国约在明朝后期的万历年间，分三条路线进入中国云南、广东、福建。明朝时，多年在吕宋（菲律宾）做生意的福建长乐人陈振龙与其子陈经纶，见当地种植一种叫“甘薯”的块根作物，心脆多汁，生熟皆可食，产量又高，广种耐瘠。想到家乡福建山多田少，土地贫瘠，粮食不足，陈振龙决心把甘薯引进中国。1593 年菲律宾处于西班牙殖民统治之下，视甘薯为奇货，禁止出境。陈振龙经过精心谋划，将薯藤绞入汲水绳，混过关卡后，于农历五月下旬回到福建厦门。

甘薯因来自域外，闽地人因此称为“番薯”。陈氏引进番薯之事，明朝人徐光启《农政全书》、谈迁《枣林杂俎》等均有论及。

番薯传入中国后，即显示出适应力强、无地不宜的优良特性，产量也高，一亩胜过种谷 20 倍，加之熟食如蜜，或煮或磨成粉均可，故很快向内地传播。

明朝后期，17 世纪初，江南水患严重，五谷不收，饥民流离。彼时，科学家徐光启得知福建等地种植的番薯，是救荒的好作物，自福建引种到上海，随之向江苏传播，收成颇佳。

清朝时期，陈振龙的五世孙陈川桂，在康熙初年把番薯引种到浙江，他的儿子陈世元带着几位晚辈远赴河南、河北、山东等地广泛宣传，劝种番薯，番薯在华北地区便很快推广开来。

清乾隆时期，由于朝野上下的大力推广，番薯很快在全国广为传种，并成为中国仅次于稻米、麦子和玉米的第四大粮食作物。

现在，红薯这种食材已经被广泛运用，包括西点中也不乏它的身影，成为一种常见食物。

··学习情境七　黄桃派的制作

品种名称：黄桃派（如图 12-9 所示）。

图 12-9　黄桃派

用料情况：

黄桃罐头 1 瓶；面粉 100g；糖粉 25g；黄油 60g；蛋黄 2～3 个；黄桃果酱 1 瓶。

制作过程（如图 12-10 所示）：

①首先将黄油软化，放入盆中；将面粉与糖粉过筛后加入。

②用压面器（或手搓）将黄油压碎，使面粉与黄油充分融合。

③在混合物内加入 1 个蛋黄，用指尖抓匀，揉成面团。

④将揉好的面团包上保鲜膜，送入冰箱冷藏至少 1h，取出后包于 2 张锡纸内擀成比派盘略大的派皮。

⑤将派皮压入派盘贴实，修好四边，派皮底部用叉子插些小孔。

⑥将剩下的蛋黄打散，用刷子刷于派皮表面。

⑦派皮上加盖锡纸，放上烘焙用石子，防止烘焙过程中派底隆起。

⑧烤箱预热上下火 160℃，入炉烘烤 15～20 min，取出放凉。在此期间，将黄桃切片，再纵向划几刀，但是要确保顶端不要切断。

⑨将黄桃果酱填入放凉后的派皮中。

图 12-10 黄桃派制作

⑩将切好的黄桃码在黄桃酱上，完成。

文化溯源：

黄桃是一种原产于中国的果树品种，因其果实呈黄色而得名。黄桃不仅具有丰富的营养价值，而且口感鲜美，因此一直以来备受人们喜爱。

黄桃的起源：

中华文明的瑰宝

据考古学家和植物学家研究，黄桃最早起源于中国。根据化石证据，黄桃可能在距今数千年前的新石器时代就已经开始种植。古代文献记载，黄桃在周朝时期就已被人们广泛种植和食用。《诗经》中就有"桃之夭夭，灼灼其华"的描绘，体现出古人对黄桃的喜爱之情。

黄桃的传播：

从东方走向世界

黄桃的传播与古代丝绸之路密切相关。在公元前 2000 年至公元前 1000 年，黄桃通过丝绸之路传入中亚地区，随后传播至波斯。在波斯文化中，黄桃被称为"桃子的王后"，备受当地人民的喜爱。

随着古代贸易的拓展，黄桃逐渐传播到了欧洲地区。公元 1 世纪，罗马帝国开始种植黄桃。古罗马人将黄桃果实晒干，作为珍贵的礼品，奉献给皇室。到了 16 世纪，黄桃随着欧洲殖民者传入美洲大陆，成为新大陆的常见水果之一。

现代黄桃：

品种繁多，风靡全球。

如今，黄桃已经在全球范围内普及，成为一种非常受欢迎的水果。随着植物育种技术的发展，黄桃品种日益丰富，有多种口感和特点可供消费者选择。同时，黄桃的食用方式也越来越多样化，从新鲜果实直接食用到制作果汁、果酒、果冻、果酱和罐头等各种美食，黄桃成为全球美食文化的一部分。

中国黄桃产业的发展

中国作为黄桃的发源地，拥有丰富的黄桃资源和种植历史。近年来，随着农业技术的不断进步和市场需求的增长，中国黄桃产业不断发展壮大。目前，中国已成为世界上最大的黄桃生产国之一，主要产区包括山东、河南、陕西、四川等地。在国内市场，黄桃既作为鲜果销售，也广泛应用于加工业，如制作果汁、罐头等产品，供应国内外市场。

黄桃与文化艺术的结合

黄桃在历史文化中占有重要地位，尤其是在中国传统文化中，黄桃被赋予了丰富的象征意义。古人认为，黄桃具有驱邪辟邪的作用，因此，在传统节日如端午节时，人们会在家门口悬挂桃符，以驱邪辟邪。此外，黄桃也成为文人墨客笔下的题材，成为许多优美诗篇和画作的灵感来源。

未来展望：

绿色种植与科技创新

面对全球气候变化和环境问题的挑战，黄桃产业也在积极寻求绿色、可持续的发展道路。越来越多的黄桃种植者开始采用有机肥料、生物防治等绿色种植技术，保护生态环境，提高产量与品质。同时，科研人员也在不断探索黄桃的基因信息，研究如何利用基因编辑等技术创新黄桃品种，以适应不同气候、土壤条件，满足市场需求。

黄桃作为一种具有悠久历史和丰富文化底蕴的水果，从古至今一直深受人们喜爱。在未来的发展中，黄桃产业将继续坚持绿色、可持续的发展道路，为全球消费者带来更多美味、营养、健康的黄桃产品。

第十三章 清酥类的制作

·· 学习情境　蛋挞的制作

品种名称：蛋挞（如图 13-1 所示）。

图 13-1　蛋挞

用料情况：

挞液：鸡蛋 250g；白砂糖 250g；牛奶 250g；玉米淀粉 30g。

挞皮：高筋面粉 450g；低筋面粉 50g；盐 5g；鸡蛋 1 个；白砂糖 80g；黄油 40g；面包改良剂 5g；酵母 8g；酥油 250g；水 220g。

制作过程：

（1）挞皮：

①面加糖加蛋加酵母加面包改良剂然后搅匀。

②逐渐加水，和到一起。

③加黄油加盐然后，和到面光滑。

④醒 15 min 然后包酥油然后擀层次（三折四擀）。

⑤上模具然后倒入挞液入炉。

（2）挞液：

①蛋加糖打至糖融化。

②加牛奶。

③加玉米淀粉搅匀。

温度：上下火 200℃／180℃。时间 20；min。

成品特点：

颜色金黄、挞心鲜嫩、外皮酥。

关键要领：

（1）将挞皮配料拌匀和成软硬适中的面团揉匀揉光滑。

（2）将挞皮擀成长方形包入起酥油并将边收口，然后用擀面杖擀开成长方体。

折三层如此再擀两遍，擀成较薄的面皮，用套模扣下。

（3）将挞碗抹上一层奶油将扣下的皮入挞碗中压实，全做完入烤盘放入冰箱中冻 2 h。

（4）将挞水配料搅匀过筛倒入冻好的挞碗中，八分满放入预热的烤炉中烤至微黄挞水凝固即成。

类似品种：酥皮挞。

文化溯源：

蛋挞，是中国香港、中国澳门的一种音译叫法，中国台湾又叫作蛋塔。蛋挞的起源地，是在葡萄牙。世界上第一家卖蛋挞的店，就在葡萄牙首都里斯本。这家蛋挞店，到现在还有，叫贝伦蛋挞店，是全世界蛋挞的鼻祖。

蛋挞的历史可以追溯到 18 世纪，由葡萄牙里斯本贝伦区一所名为热罗尼莫斯修道院的修女所发明。当时，修女袍需要用到大量的蛋清来上浆，修女们为了消耗剩下的蛋黄，便将其制作成甜点蛋挞。后来，葡萄牙自由革命爆发，修道院被迫关闭，修女们制作蛋挞配方被一糖厂老板收购，并在修女院隔壁开了一家饼店，售卖蛋挞。当时的蛋挞名为"贝伦挞"，也就是今日俗称的"葡式蛋挞"的鼻祖。

1989 年，英国人安德鲁·史斗将葡式蛋挞带到中国澳门，改用英式奶黄馅并减少糖的用量后，随即慕名而至者众，并成为澳门著名小吃。安德鲁·史斗的改良版葡式蛋挞，又称为葡萄牙式奶油挞、焦糖玛琪朵蛋挞，属于蛋挞的一种。港澳及广东地区称为葡挞，是一种小型的奶油酥皮馅饼，其焦黑表面是其特征。

此外，蛋挞的另一个分支是港式蛋挞，它在 20 世纪 20 年代在广州出现，随后在香港扬名海外。港式蛋挞的起源与葡式蛋挞相似，都是为了适应当时的市场需求和消费者的口味而诞生的。

第十四章 饼干类的制作

· · 学习情境一 大黄油饼干的制作

品种名称：大黄油饼干（如图 14-1 所示）。

图 14-1 大黄油饼干

用料情况：

低筋面粉 400g；绵白糖 200g；小苏打 3g；黄油 180g；鸡蛋 1 个；臭粉 1g；去皮芝麻少许。

制作过程：

（1）黄油加糖打至糖融化。

（2）分次加入鸡蛋然后中速打至糊状。

（3）加面粉搅匀。

（4）揉团然后擀平再然后造型。

温度：上下火 180℃/170℃ 。时间：15 min。

成品特点:

香酥可口,口感酥脆。

关键要领:

和面时使用推叠法,否则面团上筋会影响口感。

类似品种: 手指饼。

文化溯源:

饼干作为一种食品,其历史可以追溯到公元前,但现代意义上的饼干起源于中世纪欧洲。早期的饼干主要是为了保存食物、延长货架期、便于携带而制作的,形式较为简单,坚硬难以下咽。随着时间的推移,饼干的制作方法和口感逐渐丰富,从最初的简单烘焙到加入各种辅料,如糖类、油脂、膨松剂等,经过面团调制、成型、烘烤等工序后制成。

饼干的起源与海洋有着密切的联系。据历史记载,现代的饼干最初是为了方便航海而发明的。在长时间的航行中,船员们需要找到一种能够长时间保存且不易变质的食品,于是饼干应运而生。最初的饼干制作方法比较简单,主要是将面粉、水和盐混合在一起,经过烘烤后制成。

饼干的发展经历了以下几个阶段:

第一代饼干——主要是为了"果腹",即代餐和抵御饥饿。这一阶段的饼干制作工艺较为简单,不太讲究色香味。

第二代饼干——随着经济的发展和生活水平的提高,饼干花样变得越来越多,越来越好吃,成为儿童、女性的主要零食。这一阶段的饼干被认为是"好吃",但高糖、高油脂、高盐也是其特点。

第三代饼干——强调健康价值。随着健康需求的增加和消费升级,市场呼唤新型饼干的出现,即"第三代饼干",注重健康和营养价值。

饼干的种类繁多,包括但不限于薄脆饼干、曲奇饼干、华夫饼干、蛋白杏仁饼等,每种饼干都有其独特的风味和制作方法。饼干的传播和演变跨越了国界和文化,形成了丰富多样的国际饼干文化。

··学习情境二　趣味猕猴桃饼干的制作

品种名称：趣味猕猴桃饼干（如图14-2所示）。

图14-2　趣味猕猴桃饼干

用料情况：

黄油150g；糖粉100g；鸡蛋1个；低筋面粉275g；玉米淀粉5g；可可粉5g；抹茶粉5g；黑芝麻适量。

制作过程：

①所有材料准备好称重备用，黄油室温软化。

②黄油与糖粉拌匀，黄油打发。

③分次加入蛋液并搅拌均匀。

④筛入低筋面粉。

⑤用刮刀拌匀，揉成光滑的面团，将面团按照2∶3∶5分成大、中、小三份。

⑥最大面团加入抹茶粉、中份面团加入玉米淀粉、最小面团加入可可粉，分别混合均匀成面团；可可面团放在保鲜袋中擀成薄片，黄色面团搓成长条圆柱形，用抹茶面团包住黄色圆柱形长条，最外面再用可可面团包裹住冰箱冷藏几分钟取出切片，表面刷蛋液，在黄色面团的边缘处沾些黑芝麻。

⑦预热烤箱上下火170℃，放入烤箱烤15 min左右。

关键要领：

黄油打发。

成品特点：

口感松软可口，甜而不腻。

文化溯源：

　　狝猴桃的历史可以追溯到中国古代，最初作为野生果实存在，并在唐代被正式命名。狝猴桃最早在《诗经》中被提及，被称为"苌楚"，而在《本草纲目》中也有记载。这种果实最初在中国的深山中作为野果存在，虽然有人采食但并不被重视。直到1904年，新西兰女教师伊莎贝尔从中国宜昌收集了狝猴桃种子，并将这些种子带回新西兰进行栽培和育种。在新西兰，这种水果被培育成商业品种，并因其独特的形状和风味而获得了"奇异果"的名称。20世纪80年代后，中国也从新西兰引进了狝猴桃品种并进行推广种植。

　　随着时间的推移，狝猴桃的栽培和消费在全球范围内增加，尤其是在中国和新西兰，这两个国家成为狝猴桃的主要生产国。中国的狝猴桃产业经历了从野生采集到人工栽培的重要转变，特别是在1978年以后，中国开始了全国性的狝猴桃科研和产业发展。如今，狝猴桃已成为全球广泛种植和消费的水果，以其丰富的营养价值和独特的风味受到消费者的喜爱。

　　••学习情境三　曲奇饼干的制作

　　品种名称： 曲奇饼干（如图14-3所示）。

图14-3　曲奇饼干

　　用料情况：

　　黄油250g；白砂糖125g；盐3g；鸡蛋125g（约2个）；高筋面粉200g；低筋面粉150g；果酱适量；吉士粉15g（增色）。

制作过程：

（1）糖加黄油加盐打至糖融化。

（2）分次加入鸡蛋。

（3）加面粉。

（4）装入裱花带。

（5）装饰。

温度：上下火 170℃/150℃。时间：15～20 min。

成品特点：

香酥可口，口感酥脆。

关键要领：

使用花嘴挤制过程较难，需多加练习。

类似品种：

抹茶曲奇。

文化溯源：

曲奇，来源于英语 Cookie 的译音。曲奇饼在美国与加拿大解释为细小而扁平的蛋糕式的饼干。而英语的 Cookie 是由荷兰语演化来的，意为"小蛋糕"。这个词在英式英语主要用作分辨美式饼干，如"朱古力饼干"。曲奇饼干种类繁多，按烤制方式分为硬饼干、软饼干和松饼干三种；按照添加的材料可以分为普通曲奇饼干、巧克力味、坚果味、果仁味等。关于曲奇的传说有很多：

传说 1：

相传德国的一位面包师由于恋上一位美丽的姑娘，她的名字就叫作 Koekje。经他打听，得知她喜欢吃酥脆可口的饼干。面包师为了打动她，所以夜以继日地研究酥脆的饼干。

经他的努力终于研究出一款入口酥脆的饼干。面包师知道她最爱玫瑰花，于是便在饼干内加入了清香动人的玫瑰花。最后这个面包师将对她的爱慕之意写在一张字条上一同送给那位姑娘。

姑娘收到曲奇后被深深地打动了。后来他们就幸福地生活在一起了。再后来人们便将这种饼干取名为"Koekje"（英文为"Cookie"）。

传说 2：

饼干最早是由英国人发明的，当时的名字叫作"比斯开"。比斯开原来是法国一个海湾的名称。150多年前，有一艘英国帆船在比斯开附近的海面航行，突遭遇狂风，迷航搁浅，又被礁石撞了一个洞，海水灌入船舱。在这危难关头，船员们划着小船，然后就登上荒无人烟的孤岛。他们把这些东西运到小岛上，用面粉拌和奶油、砂糖，捏成小面团，在火上烤着吃，香脆酥甜。

他们被救回国后，为了纪念这次遇难，用同样的方法烤了许多小饼吃。这样"比斯开"逐渐流传开了。日后，经过食品工人的不断改进，制成了各种各样的曲奇饼干。

传说3：

大概是古罗马人发明了甜饼干。英文中甜饼干叫作Biscuit，来自拉丁文的Biscoctum，翻译过来就是"烤了两次的烤饼"。古罗马的甜饼干做法是将面粉调成糊状摊在盘子里，烤干之后再油炸，上桌时浇蜂蜜或者撒胡椒。在面粉糊中加砂糖，这样的饼干点心在当时是得和凯撒一个级别的贵族才有资格享用的。

中世纪的欧洲贵族改造了古罗马的饼干：先把面团加入大量黄油烤熟定型，然后再切片，加入果脯调料再烤一遍。这就是今天最常见的大黄油饼干的雏形。不过这种烤了两次的饼干坚硬无比，没有单掌开碑的力量根本掰不断，更别说吃了。

所以当时饼干的吃法是用锤子砸碎了，然后泡在牛奶或者粥里。家庭吃的饼干是片很大的，小块小块的饼干是商人在市场上买的，为了出售，用模具造成一样大小。

传说4：

今日的曲奇，也就是Cookie，起源于北欧，经维京人传播到整个西方世界。Cookie最初是北欧家庭主妇烤蛋糕时偶然发明的，现在市面上的曲奇就是传承了这个古老的手艺。

北欧地处寒冷不毛之地，屋内的温度非常低，用手不容易感知烤炉的温度，所以烤蛋糕时要先倒一点面糊上去试试温度，合适了再烤整块的蛋糕。整个蛋糕烤好了当然是端上桌给老公孩子吃，妇女只能先吃倒在烤炉上的那一小团。所以，最初的Cookie是女性食品，男人吃Cookie可是要被北欧壮汉们鄙视的。

·· 学习情境四　手指饼干的制作

品种名称：手指饼干（如图 14-4 所示）。

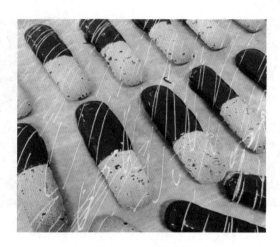

图 14-4　手指饼干

用料情况：

黄油 135g；白砂糖 135g；盐 3g；鸡蛋 50g；低筋面粉 150g；高筋面粉 100g；去皮芝麻少许；吉士粉 15g。

制作过程：

（1）黄油加糖加盐然后打至糖融化。

（2）分次加入鸡蛋，中速打至糊状。

（3）加面粉然后搅匀。

（4）装入裱花袋（圆嘴），挤成手指状。

温度：上下火 180℃/170℃。时间：15 min。

成品特点：

香酥可口，口感酥脆。

关键要领：

和面时使用推叠法，否则面团上筋会影响口感。

手指饼干是意大利传统的饼干，因为其形状细长，酷似手指而得名。手指饼干口感酥脆，味道香甜，单单作为饼干就已经充满诱惑，更何况它还有更为广泛的用途，比如提拉米苏、冰激凌、慕斯的装饰上等都有它们的身影。

··学习情境五 红薯饼干的制作

品种名称：红薯饼干（如图 14-5 所示）。

图 14-5 红薯饼干

原料领用：

红薯泥 50g；无盐黄油 100g；细砂糖 65g；蛋黄 1 个；低筋面粉 150g。

装饰：

紫薯粉适量；黑芝麻适量。

制作过程：

（1）准备工作：红薯去皮蒸熟，压成泥状备用；无盐黄油软化至用手可以按出小坑。

（2）软化好的黄油倒入厨师机的搅拌缸，加入细砂糖，打发至颜色发白、体积膨胀。

（3）加入常温蛋黄，搅拌均匀。

（4）筛入面粉，搅拌均匀。

（5）加入红薯泥，搅拌均匀。

（6）整形成直径约 4cm 的圆柱体，表面均匀地裹上紫薯粉。

（7）用油纸将面团包好，放入冰箱冷冻 40～60 min 至面团变硬（以方便切片）。

（8）在冷冻快结束时，预热烤箱至 170℃。

（9）取出冷冻好的饼干面团，切成厚约 0.5cm 的薄片，铺在垫了油纸的烤盘上，在饼干中间撒上芝麻粒，上下火 170℃烤 15 min。

（10）取出烤好的饼干，晾凉就能吃。

保存提示：室温密封保存 7 天左右。

·· 学习情境六　半抹茶半巧克力曲奇的制作

品种名称：半抹茶半巧克力曲奇（如图 14-6 所示）。

图 14-6　半抹茶半巧克力曲奇

一共要做两份饼干面团，带有×2 表示每个面团使用一份：

低筋面粉 150g×2；泡打粉 3g×2；白砂糖 100g×2；盐 2g×2；黄油 100g×2；鸡蛋 1
个×2；香草精适量×2；抹茶粉 15g；可可粉 15g；巧克力豆 50g；白巧克力豆 50g。

制作过程：

（1）预热烤箱至 180℃。

（2）将一份室温软化的黄油倒入搅拌碗中，搅拌至顺滑。

（3）加入一份糖和一份盐，搅拌至黄油泛白。打入一个鸡蛋和几滴香草精，搅拌均匀。

（4）将一份低粉、泡打粉和抹茶粉筛入黄油混合物中，搅拌均匀。加入巧克力豆，搅拌
均匀即可。

（5）制作可可饼干面团：使用另一份材料，重复步骤（1）～（3），区别在于用可可粉
替代步骤（3）中的抹茶粉，加入的巧克力豆是白巧克力豆。

（6）取约为半个曲奇分量的可可面团，放在垫了油纸的烤盘上，一块一块码放整齐，然
后再取等量的抹茶面团放置于可可面团一侧。这样将所有的面团都码放在油纸上。

（7）用手将曲奇稍作整形，让可可面团和抹茶面团贴合得更好，同时整出曲奇形状。

（8）放入烤箱，上下火 180℃烤 12 min，取出晾凉即可。

关键要领：

黄油打发。

成品特点：

口感酥松，香气浓郁。

·· 学习情境七　3D 葡萄饼干的制作

品种名称：3D 葡萄饼干（如图 14-7 所示）。

图 14-7　3D 葡萄饼干

原料领用：

黄油 70g；糖粉 70g；蛋液 40g；低筋面粉 172g；紫薯粉 5g；抹茶粉 3g。

制作过程：

（1）黄油软化后和糖粉搅打均匀。

（2）分三次加入蛋液，充分搅拌均匀。

（3）将搅打好的糊分成 90g、60g、30g，分别筛入 90g 低筋面粉、55g 低筋面粉和 5g 紫薯粉、27g 低筋面粉和 3g 抹茶粉。

（4）分别拌成三个面团，放入冰箱醒一会。

（5）将原色面团擀成 4mm 厚，用圆形模具压出形状。

（6）将抹茶面团随意捏出类似叶子的形状。

（7）将紫薯面团随意搓小圆。

（8）在圆形饼皮上把叶子和小圆放置成葡萄串的样子，相互之间稍微放紧凑些，不用刷蛋液之类的。

（9）叶子部分用牙签压些纹路出来。

（10）烤箱上下火 180℃，时间：12 min。

关键要领：

面糊制作过程，要严格控制用料配方。

成品特点：

口感松软可口，甜而不腻。

葡萄发展史：

葡萄是一种世界上广泛种植的水果，也是酿酒的重要原料之一。

起源：葡萄的起源可以追溯到公元前 7000 年左右的新石器时代。最早栽培葡萄的地区包括今天的伊朗、土耳其和格鲁吉亚等地。当时的人们发现野生葡萄的果实可食用，并开始尝试栽培。通过人工选择和培育，逐渐形成了各种品种的栽培葡萄。

传播：葡萄的传播主要经由古代文明的交流和贸易。古埃及、古希腊和古罗马等文明都将葡萄引入了自己的领土，开始种植和酿酒。尤其是古希腊，他们将葡萄酒视为神圣的饮品，成为他们文化和宗教的一部分。此外，葡萄的传播还受到探险家和航海家的推动，他们将葡萄带到了新大陆，开创了美洲的葡萄种植业。

品种改良：随着时间的推移，人们对葡萄进行了品种改良，培育出了许多不同的品种。例如，欧洲葡萄和美洲葡萄在形态和口感上有很大差异。为了适应不同的气候和土壤条件，人们不断地对其进行选育，培育出了适应性更强的品种。同时，通过研究和实践，人们对葡萄的栽培和酿酒技术也有了更深入的了解，为葡萄产业的发展奠定了基础。

葡萄的应用领域非常广泛。首先是酿酒业，葡萄是酿造葡萄酒的主要原料。世界各地都有不同风格和品质的葡萄酒，成为当地文化和旅游的重要组成部分。其次，葡萄还可以制作葡萄干、果酱和果汁等食品，丰富了人们的日常饮食。此外，葡萄籽中的花青素和多酚等成分被广泛应用于保健品和化妆品的生产中，具有抗氧化和美容的功效。

未来发展：随着人们对健康生活的追求和对高品质产品的需求不断增加，葡萄产业在全球范围内得到了快速发展。一方面，科学家们通过基因改造和遗传育种等手段，不断培育出更耐病、产量更高、品质更好的葡萄品种；另一方面，葡萄的多样化应用也在不断拓展，如葡萄籽油的开发和葡萄叶的药用价值的研究等。可以预见，未来葡萄产业将继续蓬勃发展，为人们的生活带来更多的美味和健康。

· · 学习情境八　玛格丽特饼干的制作

品种名称：玛格丽特饼干（如图 14-8 所示）。

图 14-8　玛格丽特饼干

用料情况：

玉米淀粉 100g；低筋面粉 100g；黄油 100g；糖粉 60g；熟蛋黄 2 个；盐 1g。

制作过程：

（1）准备工作：

鸡蛋蒸熟，蛋黄压成泥备用。

烤箱预热到 170℃。

（2）开始制作：

①黄油、糖粉、盐打发。

②加入蛋黄、面类搅匀，面团包保鲜膜冷藏 1h。

③10g 分团，搓圆，放入烤盘，中间压扁。

温度：上下火 170℃。时间：10 min 左右。

关键要领：

面团制作过程，要严格控制用料配方。

成品特点：

口感酥松，甜而不腻。

文化溯源：

玛格丽特饼干（Italian Hard－boiled EggYolk Cookies）的起源是一个充满浪漫色彩的故事。这款饼干的全称为"住在意大利史特蕾莎的玛格丽特小姐"，其背后的故事源于一位糕点师对一位名叫玛格丽特女孩的深深爱意。据说，很久以前，这位糕点师在制作饼干时，心中默念着心爱女孩的名字，并将自己的手印按在了饼干上，以此表达对她的爱意。这款饼干因此得名，并成为烘焙爱好者喜爱的经典之一。

玛格丽特饼干的特点在于：其简单朴实的外观和香酥可口的味道，有些类似旺仔小馒头的口感。它的制作不需要繁多的工具和特殊的材料，非常适合新手尝试。这款饼干主要由低筋面粉、玉米淀粉、糖粉、黄油和熟蛋黄等原料制成，外观简单朴实，但味道却令人难以忘怀。

此外，玛格丽特饼干还有一个低糖版的版本，旨在满足追求健康饮食的人群。这款低糖版饼干的寓意同样是浪漫的爱情，体现了人们对美好情感的追求和向往。

・・学习情境九　蜜桃黑巧夹心曲奇的制作

品种名称：蜜桃黑巧夹心曲奇（如图14-9所示）。

图14-9　蜜桃黑巧夹心曲奇

用料情况：

饼干体：黄油（室温软化）70g；细砂糖120g；鸡蛋100g；低筋面粉350g。

巧克力甘纳许夹心：黑巧克力50g；淡奶油50g。

表面装饰：红色色素少许；黄色色素少许；小薄荷叶几片。

制作过程：

（1）制作饼干体：

①黄油软化打散，加入细砂糖搅拌至糖融化。

②分次加入鸡蛋，混合均匀。

③筛入低筋面粉，翻拌混合均匀。

④20g分团，搓成圆球。

⑤间隔一定距离摆放在烤盘上。

⑥上下火170℃，烘烤15 min（视自己烤箱情况调整）。

（2）制作巧克力夹心：

黑巧克力和淡奶油1∶1混合，放冰箱冷藏至半凝固状态，装裱花袋备用。

（3）组装：

①用小刀在饼干底部掏一个小洞，要轻揉不要捏碎饼干。

图 14-10 巧克力夹心制作（一）

②小洞中间挤入巧克力夹心，两枚黏合在一起，冰箱冷藏凝固。

（4）制作表面装饰：

①在两个小碗里分别挤入红黄色素，调成色水，另一个小碗装细砂糖备用。

②取一个曲奇，一半蘸红色一半蘸黄色，再到细砂糖中滚一滚，裹满细砂糖。

图 14-11 巧克力夹心制作（二）

③放上小叶子装饰，毛茸茸的小毛桃很逼真。

关键要领：面团制作过程，要严格控制用料配方。

成品特点：口感酥松，香甜。

••学习情境十　葡萄巧克力软曲奇的制作

品种名称：葡萄巧克力软曲奇（如图 14-12 所示）。

图 14-12　葡萄巧克力软曲奇

用料情况：

低筋面粉 100g；色拉油 50g；红糖 40g；热水 50g；葡萄干 30g；泡打粉 5g；盐 1.25g；可烘焙巧克力豆 50g。

制作过程：

（1）红糖加热水冲成糖水冷却备用。

（2）加入色拉油、盐。

（3）加入面类搅匀。

（4）加入葡萄干，表面装饰巧克力豆。

（5）挤制圆形。

温度：上下火 180℃。时间：12 min。

关键要领：

面团制作过程，要严格控制用料配方。

成品特点：

口感松软可口，甜而不腻。

巧克力发展历史：

1519 年，以西班牙探险家科尔特斯为首的探险队进入墨西哥腹地。旅途艰辛，队伍历经千辛万苦，到达一个高原。队员们个个累得腰酸背疼、筋疲力尽，一个个横七竖八地躺在地上，不想动弹。科尔特斯很着急，前方的路还很长，队员们都累成这样了，这可怎么办呢？

正在这时，从山下走来一队印第安人。友善的印第安人见科尔特斯他们一个个无精打采，立刻打开行囊，从中取出几粒可可豆，将其碾成粉末状，然后加水煮沸，之后又在沸腾的可可水中放入树汁和胡椒粉。顿时一股浓郁的芳香在空中弥漫开来。

印第安人把黑乎乎的水端给科尔特斯他们。科尔特斯尝了一口："哎呀，又苦又辣，真难喝！"但是，考虑到要尊重印第安人的礼节，科尔特斯和队员们还是勉强喝了两口。后来，他将这种饮料带回了西班牙。

一天，西班牙商人拉思科在煮饮料时突发奇想：调制这种饮料，每次都要煮，实在太麻烦了！要是能将它做成固体食品，吃的时候取一小块，用水一冲就能吃，或者直接放入嘴里就能吃，那该多好啊！

于是，拉思科开始了反复的试验。最终，他采用浓缩、烘干等办法，成功地生产出了固体状的可可饮料。由于可可饮料是从墨西哥传来的，在墨西哥土语里，它叫"巧克拉托鲁"，因此，拉思科将他的固体状可可饮料叫作"巧克力特"。

拉思科发明的巧克力特，是巧克力的第一代。

西班牙人是很会保密的。他们严格保密可可饮料的配方，对巧克力特的配方也守口如瓶。直到 200 年以后的 1763 年，一位英国商人才成功地获得了配方，将巧克力特引进到英国。英国生产商根据本国人的口味，在原料里增加了牛奶和奶酪，于是"奶油巧克力"诞生了。

巧克力的制作工艺在经历了几百年的磨砺之后已经完美精湛，使现在的人们可以尽情地享用巧克力食品。随着可可树的大量种植和税收的降低，巧克力也不再是贵族的专利，变得非常大众化。与香料、奶油、坚果等食材的搭配丰富了巧克力产品的种类，使它获得了越来越多人的喜爱。它甚至被赋予"爱"的意义而成为情人节的最佳礼物。科学家也发现巧克力所含的多酚化合物具有良好的抗氧化作用，可可粉中含有的铁、镁、锰、锌等多种无机盐也是人体需要的。他们认为，吃巧克力对心血管疾病有好处。凭借无与伦比的美味、独特的营养和高贵的形象，巧克力已经成为很多人喜爱的食品之一。

··学习情境十一　紫薯燕麦饼干的制作

品种名称：紫薯燕麦饼干（如图 14-13 所示）。

图 14-13　紫薯燕麦饼干

用料情况：

紫薯泥 100g；低筋面粉 40g；燕麦片 20g；芝麻 4g；小苏打 1g；牛奶适量。

制作过程（如图 14-14 所示）：

图 14-14　紫薯燕麦饼干制作

（1）准备工作：

紫薯蒸熟，压成泥备用。

烤箱预热到180℃。

（2）开始制作：

①除牛奶外的所有材料混合均匀。

②戴上防粘手套，将混合材料揉成面团，如果觉得面团发干，加入少许牛奶进行调整。

③用擀面杖擀成薄饼状。

④用饼干模具切割成方形，没有模具也可以直接用刀切。

⑤烤盘内垫上油纸，然后放入饼干。用牙签或叉子在饼干上扎一些孔，防止饼干在烘烤过程中鼓起。放入预热好的烤箱中层，上下火180℃烘烤20 min左右。

注：

①如果擀得稍薄，边缘会微焦，成品脆脆的。紫薯和芝麻烤过以后特别香。

②时间只是参考，还要根据饼干大小、薄厚程度和自家烤箱情况调整。

③搭配牛奶食用更美味。

关键要领：

面团制作过程，要严格控制用料配方。

成品特点：

口感酥脆，麦香味十足。

燕麦的发展历史

当前社会，随着人们对健康的不断重视，燕麦已经是许多人家中必备的食品之一。其实，燕麦作为一种历史悠久的农作物，与人类早有渊源。古往今来，燕麦除了作为重要畜牧饲料，更是作为食物，养育了一方子民。

俗话说，"内蒙古三大宝——莜面、土豆、羊皮袄。"其中的莜面就是燕麦面，作为北部高寒地区主要粮食作物之一，历史上无数名人都曾品尝过这一特色边塞美食。

相传当年康熙帝远征噶尔丹，在归化城（呼和浩特）吃过莜面，并给了很高的评价；到了乾隆年间，莜面更是从众多食品中脱颖而出，被当成贡品送入京城。道光年间，法国传教士古伯察在归化城考察，在回程时特意运回了莜麦面。明清期间，晋商驼队将莜面作为主食，在被称为"草原丝绸之路"的绥蒙商道上纵横，并创造了繁荣的海外贸易。

历史记载，成吉思汗是第一位发现燕麦食用功效的人。燕麦颗粒饱满、口感上佳、饱腹感强且人马都爱吃，而且易于保存，烹饪方式多样，所以成吉思汗自上而下地推广了这独特的燕麦军粮。此后，成吉思汗率领将士长期南征北战所向披靡，蒙古族铁骑更是威震欧亚，据说这都与燕麦军粮有着很大关系。除了伴随蒙古族铁骑的南征北战，燕麦更是作为抗战粮食，在晋绥根据地，养活了千千万万的革命战士，为革命事业作出了巨大贡献。

古往今来，不管是作为饲草还是作为经济作物和粮食，燕麦都在人们的生活中占有一席之地。近年来，随着消费者对大健康食品的认知度逐渐提升，作为世界十大营养健康食品之一的燕麦，行业关注度、消费潜力以及市场热度逐年提高，甚至成为健康食品的代名词。

· · 学习情境十二　咸香土豆苏打饼的制作

品种名称：咸香土豆苏打饼（如图 14-15 所示）。

图 14-15　咸香土豆苏打饼

用料情况：

参考量：28cm×28cm 烤盘，两盘左右。

低筋粉 120g；玉米淀粉 30g；土豆（煮熟的）100g；玉米油 40g；小苏打 1g；盐 2g；水（视情况添加）10g；黑胡椒粉 1g。

制作过程（如图 14-16 所示）：

①土豆洗净削皮切块，放入沸水里煮熟备用。

②将土豆捞出放入盆里，用刮刀压成泥，尽量细腻。加入玉米油，与土豆泥拌匀。

③筛入低筋面粉、玉米淀粉、小苏打、盐和黑胡椒粉的混合物，拌成面团。

温馨提示：如果这时面团比较干不能成团，要适当加一点水。

④将面团大致按扁成方形，放在两张油纸中间，用擀面杖擀成厚1～3mm的薄片。

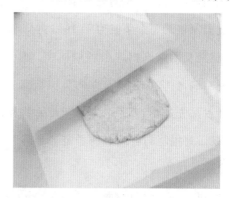

图 14-16　制作过程

温馨提示：尽量擀薄，这样才会更脆。

④用叉子扎上小孔，切割成喜欢的形状，放在铺好油纸的烤盘上，送入预热好的烤箱中层，上下火 170℃，烤 18 min，表面上色。烤好以后放在晾网上冷却。

文化溯源：

梳打饼（Cracker，音译克力架），又称为苏打饼，是饼干的一种，通常以咸味为主。

苏打饼起源于1801年的美国马塞诸塞州米尔顿，由于焗制时会发生"克力架"的声音，因而得名。

一艘英国船触礁搁浅法国比斯开湾。侥幸逃到小岛的船员，在风平浪静后回船上寻找食物，那储存的面粉、糖和奶油都被水泡成一团。他们把它搓成一个个小面团，用火烤熟了吃。没想到，这个发酵的混合面团，烤出的味道竟如此松脆味美。脱险回国后，船员们为了纪念，又用同样的方法制作了这些小面团，并以他们遇险地比斯开命名。就这样，饼干叫作"比斯开"（Biscui）。

在美国，苏打饼干在南北战争时开始传遍全国。在上海，做苏打名气最响的是泰康食品厂，得过国家银奖。泰康诞生于 1914 年，做南北货的万康和做百货食品的华德泰强强联手，"泰康"就是从两家原招牌中各取一字。1928 年，泰康总管理处从济南迁入上海。5 年后，在小木桥路购地 18 亩建厂，并向英国培克公司购买当时最新的饼干制造机，为中国最早引进的国际食品先进生产设备。中华人民共和国成立后成为上海规模最大的饼干生产企业，Logo 是只昂首报晓的金鸡，牌子定"金鸡"是取其谐音"经济"，意在实惠；这一点是上海人也是全国人民欢喜的。

在 20 世纪 60 年代后期，泰康新开发了葱油味香、入口酥松的万年青梳打和奶味十足的奶油梳打饼干。70 年代又推出蘑菇梳打和茄汁梳打饼干。除了金鸡牌梳打饼干，早年的马头牌梳打饼干也小有名气，它是 1933 年搬到上海的香港马宝山股份有限公司生产的。

梳打饼干基本以咸味为主，外形多为正方形和长方形；有的在表面还抹上细细的盐。它是发酵过的，吃起来特别的酥松。又因加入了油，饼干显得油润。

第十五章 气鼓类的制作

··学习情境一 原味泡芙的制作

品种名称：原味泡芙（如图 15-1 所示）。

图 15-1 原味泡芙

用料情况：

高筋面粉 150g；水 200mL；黄油 100g；糖 5g；盐 5g；鸡蛋 3 个；泡打粉少许。

制作过程：

（1）黄油加水加盐，糖煮开。

（2）加高筋面粉加泡打粉然后搅拌。

（3）分次加入鸡蛋，搅至光泽发亮。

（4）装入裱花袋然后挤入烤盘。

（5）出炉然后晾凉然后装奶油。

泡芙的发展历史：

在甜品的世界里，泡芙以其轻盈的口感和丰富的内馅赢得了无数食客的喜爱。从法国宫廷的华丽餐桌到现代咖啡馆的精致点心架，泡芙的历史演变和制作工艺是一部充满创意和匠心的美食史诗。

泡芙的起源可以追溯到16世纪的欧洲，当时的糕点师傅们开始尝试将奶油和面团结合，创造出一种新型的甜点。经过无数次的尝试和改良，泡芙逐渐演变成了今天我们熟知的样子：一个轻盈的外壳包裹着细腻的奶油或者馅料，一口咬下去，酥脆的外皮与滑顺的内馅交织出无与伦比的味觉享受。

泡芙壳的制作虽然看似简单，但每一个细节都至关重要。水温的控制、面粉的筛选、鸡蛋的加入时机，甚至是烤箱的温度和时间，都会对最终的成品产生影响。只有经验丰富的糕点师才能准确地把握这些微妙的变化，制作出完美的泡芙壳。

而泡芙的灵魂——内馅，同样讲究。传统的卡仕达酱是将牛奶、糖和蛋黄混合，慢火加热至浓稠，冷却后再加入黄油和香草精。现代的泡芙内馅则更加多样化，从经典的香草、巧克力、草莓到创新的抹茶、榴莲、芒果等，每种都有其独特的风味和魅力。

泡芙的魅力不仅在于它的味道，更在于它所承载的文化和历史。在法国，泡芙被誉为"甜点的皇后"，它的优雅和精致象征着法国人对生活的热爱和追求。而在世界各地，泡芙也以其独特的风味和形态，成为文化交流的美味使者。

如今，泡芙已经不再是贵族专享的奢侈品，它走进了普通人的生活，成为人们日常享受的一部分。无论是在节日庆典中还是在闲暇时光里，泡芙都是分享甜蜜和幸福的绝佳选择。

总之，泡芙的历史演变和制作工艺不仅是美食的传承，更是一种文化和艺术的传递。每一个小小的泡芙，都凝聚了糕点师们的心血和智慧，它们不仅仅是味蕾上的享受，更是心灵上的温暖。当你品尝到那轻盈细腻的泡芙时，不妨想象一下，那是多少个世纪以来，无数糕点师们对美食的热爱和追求，汇聚而成的甜蜜礼赞。

·· 学习情境二　香橙巧克力泡芙的制作

品种名称：香橙巧克力泡芙（如图15-2所示）。

图15-2　香橙巧克力泡芙

用料情况：

低筋面粉75g；水125g；黄油50g；糖3g；盐1g；鸡蛋2个；淡奶油60g；柑曼怡甜酒10g；香橙果汁200g；蛋黄2个；细砂糖60g；玉米淀粉25g；黑巧克力适量；糖渍香橙片适量。

制作过程（香橙馅）：

（1）淡奶油8分打发。

（2）果汁放入锅中加热至沸腾，加入1/3糖，搅拌至糖融化。

（3）加入新的2/3糖，加入玉米淀粉，搅拌至黏稠关火。

（4）冷却后加入甜酒搅拌。

（5）加入淡奶油搅匀，成为香橙馅。

注：泡芙制作方法略。

关键要领：

（1）气鼓类烫面法制作，要注意水一定要沸腾，烫面面团晾凉后再加入鸡蛋。

（2）鸡蛋要一个一个地加入，每一个都要和面糊完全搅匀。

（3）搅拌好的面糊拎起呈倒三角形，长度4cm。

泡芙的由来一：

20 世纪法国有许多农场，农场主都是当地特别有权势的人。在法国北部的一个大农场里，农场主的女儿看上了一名替主人放牧的小伙子，但是很快，他们甜蜜的爱情被父亲发现了，并责令把那名小伙子赶出农场永远不得和女孩见面。女孩苦苦哀求父亲，最后，农场主出了个题目，要他们把"牛奶装到蛋里面"。如果他们在三天内做到，就允许他们在一起，否则，小伙子将被发配到很远很远的法国南部。

聪明的小伙子和姑娘在糕点房里做出了一种大家都没见过的点心——外面和鸡蛋壳一样酥脆，并且有着鸡蛋的色泽，而且主要的原料也是鸡蛋，里面的馅料是结了冻的牛奶。

独特的点心赢得了农场主的认可，后来女孩和小伙子成为甜蜜的夫妻，并在法国北部开了一个又一个售卖甜蜜和爱心的小店。

小伙子名字的第一个发音是"泡"，姑娘名字的最后一个发音是"芙"，因此，他们发明的小点心就被取名叫"泡芙"。

•• 学习情境三　树干酥皮泡芙的制作

品种名称：树干酥皮泡芙（如图 15-3 所示）。

图 15-3　树干酥皮泡芙

用料情况：

参考量：长 22cm，宽 3.5cm，13 根。

泡芙酥皮：黄油 200g；赤砂糖 150g；低筋面粉 240g。

泡芙体：牛奶 130g；水 230g；色拉油 55g；黄油 90g；低筋面粉 145g；盐 2g；鸡蛋 4 个（每个约 55g）。

基础卡仕达酱：蛋黄 3 个；赤砂糖 40g；低筋面粉 27g；牛奶 250g。

A 奶香卡仕达：淡奶油 30g；基础卡仕达酱 100g；马斯卡彭 15g。

B 抹茶卡仕达：奶香卡仕达酱 100g；抹茶粉 3g。

奶油馅：A 奥利奥口味：淡奶油 150g；糖粉 7g；奥利奥碎 30g（根据口味调整）。

B 草莓口味：淡奶油 150g；糖粉 5g；草莓酱 50g（根据口味调整）。

制作过程：

（1）准备工作：

将配方中所有的低筋面粉提前过筛。

黄油室温软化，制作酥皮的黄油部分无须软化得太软，需要有些硬度。

（2）制作酥皮（如图 15-4 所示）：

①将黄油用电动打蛋器打散，然后加入赤砂糖打匀，无须打发，混匀即可。

Tips：建议大家选择颗粒较少的赤砂糖，红糖非常容易结块，不易与黄油融合，且烘烤时结块的颗粒会烤焦。

②倒入低筋面粉，打蛋器稍微混匀后，用手将其混成一团，放入磅蛋糕模具中定型。

③放入冰箱冷冻 2h 左右。

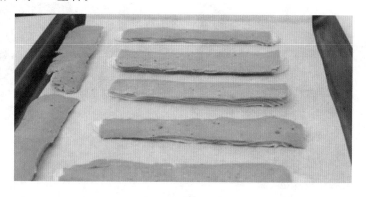

图 15-4　酥皮制作

（3）制作泡芙体：

①将牛奶、水、色拉油、黄油、盐全部倒入锅中煮至沸腾，离火，倒入面粉用刮刀搅拌均匀，开中火翻炒面糊至锅底有薄膜即糊化完成。

②糊化好的面糊离火降温，将鸡蛋逐一加入面糊中，用电动打蛋器逐一打匀每一次的鸡蛋，用刮刀提起呈倒三角形且四周圆润无锯齿状，并且可以缓慢滴落下来。

注：将最后一个鸡蛋打散在一个无油无水的碗中，一点点加入，切记不能全部加入，因

为每个鸡蛋的大小不同，鸡蛋加多面糊会稀，无法补救。

③将面糊装入裱花嘴中，在烤盘中挤出自己喜欢的长度。

④将冷冻好的酥皮切成 1～2mm 的薄片，盖到泡芙表面，放进烤箱，上下火先烤 200℃，30 min 定型，再关火焖 10 min。

注：高温烘烤泡芙的作用是将面糊中的水分借由高温烘烤使面糊中的水蒸气往上走，从而顶起面糊，定型，这时千万不能开烤箱，否则泡芙就会出现塌陷的问题，定型好后转低温烘烤，如上色严重可以盖上锡纸。

（4）制作基础卡仕达酱：

①砂糖与蛋黄混匀，加入过筛好的低筋面粉拌匀。

②牛奶加热至微微沸腾，分三次倒入蛋黄糊中，每次搅拌均匀再加入下一次，然后过筛回锅内重新加热，其间要不停地用蛋抽搅拌至卡仕达酱变浓稠且有光泽，保鲜膜贴面放冷藏备用。

A 奶香卡仕达酱：

将淡奶油打至七分发，然后与马斯卡彭、卡仕达酱打匀，装入裱花袋备用。

B 抹茶卡仕达酱：

在奶香卡仕达酱中加入抹茶粉打匀，装入裱花袋备用。

（5）制作奶油馅：

A 奥利奥口味：

将淡奶油与砂糖、奥利奥碎一起打发至八分发，装入裱花袋备用。

B 草莓口味：

将草莓果酱与淡奶油一起打发至八分发，装入裱花袋备用。

（6）填馅儿：

在泡芙底部用筷子钻两个洞，挤入自己喜欢的口味，即可。

填好馅料的泡芙建议马上食用，因为泡芙体会吸收馅料中的水分，时间过长会影响口感。

关键要领：

烫面要用完全沸腾的液体。

成品特点：

外壳酥脆，内馅软腻。

泡芙的由来二：

16 世纪传入法国，泡芙的诞生，在技术上被人们认为是偶然无意中发现的，情形是从前奥地利的哈布斯王朝和法国的波旁王朝，长期争夺欧洲主导权已经战得精疲力竭，后来为避免邻国渔翁得利，双方达成政治联姻的协议。于是奥地利公主与法国皇太子就在凡尔赛宫内举行婚宴，泡芙就是这场两国盛宴的压轴甜点，为长期的战争画上休止符，从此汉密哈顿泡芙在法国成为象征吉庆示好的甜点，在节庆典礼场合如婴儿诞生或新人结婚时，都习惯将泡芙蘸焦糖后堆成塔状庆祝，称为泡芙塔（Croquembouche），象征喜庆与祝贺之意。

正统的泡芙，因为外形长得像圆圆的甘蓝菜，因此法文又名 CHOU，而长形的泡芙在法文中叫 ECLAIR，意指闪电，不过名称的由来不是因为外形，而是法国人爱吃长形的泡芙，总能在最短的时间内吃完好似闪电般而得名。

泡芙作为吉庆、友好、和平的象征，人们在各种喜庆的场合中，都习惯将它堆成塔状（也称泡芙塔 Croquembouche），在甜蜜中寻求浪漫，在欢乐中分享幸福。后来流传到英国，所有上层贵族下午茶和晚茶中最缺不了的也是泡芙。

第十六章 冷冻类的制作

· · 学习情境一　蓝莓慕斯蛋糕的制作

品种名称： 蓝莓慕斯蛋糕（如图 16-1 所示）。

图 16-1　蓝莓慕斯蛋糕

用料情况：

慕斯料：蓝莓酱 250g；吉利丁片 2 片（200g 冰水泡开）；糖 100g；牛奶 100g；打发鲜奶油 250g。

蛋糕料：鸡蛋 500g（分开蛋清、蛋黄）；绵白糖（蛋黄糊里）13g；绵白糖（蛋清糊里）80～100g；低筋面粉 100g；玉米淀粉 35g；水 75g；色拉油 50g；泡打粉 5g；盐 3～5g；塔塔粉 5～8g（酸性物质，和蛋清共存）。

制作过程：

蛋糕：

（1）蛋黄糊：

①水里加入糖（13g）加入油加入蛋黄然后手动搅匀。

②加面手动搅匀。

（2）蛋清糊：

蛋清加糖（80～100g）加入盐和塔塔粉，电动打发（鹰嘴状）（分三次加入糖）。

（3）分次混合蛋清糊和蛋黄糊。

（4）倒入模具入炉。

温度：上下火 160℃/170℃。时间：45 min。

慕斯：

（1）将蓝莓馅加糖加牛奶，用电磁炉隔水煮至 65℃。

（2）加泡好的吉利丁搅拌至溶解。

（3）隔冰水降温，边降温边搅拌。

（4）加淡奶油搅拌均匀成蓝莓慕斯。

（5）一层戚风，一层慕斯糊，共 2～3 层，放入冰箱凝固。

（6）冷冻 2h 以上。

（7）热毛巾脱模。热刀切割分块。

成品特点：

香甜冰凉。

关键要领：

（1）蛋黄糊制作时，注意糖油水面的搅拌要到位。

（2）蛋清糊中的塔塔粉不能提前与蛋清接触，否则影响打发。

（3）蛋清蛋黄糊混合时要分次。

类似品种：

香橙慕斯蛋糕、咖啡慕斯蛋糕。

文化溯源：

蓝莓的神秘独特总是让人捉摸不透，甜酸的滋味让人流连忘返。

　　蓝莓是地球上最古老的水果之一，其历史可以追溯到公元 16 世纪的北美洲。蓝莓，科学名为 "Vaccinium"，这个属包含大约 450 种植物，其中就包括我们所熟知的北美蓝莓和欧洲蓝莓。这些植物最初在北半球的温带和亚热带地区自然生长。我们今天熟知的蓝莓品种的大部分源于北美洲，其中，本土的北美原著民已经了解并使用蓝莓几个世纪之久。他们不仅食用蓝莓，还用蓝莓植物的部分来制作药物和染料。他们相信蓝莓有神圣的特性，甚至将其纳入他们的宗教仪式中。

　　蓝莓的名称源自英语 "Blueberry" 的直译，意为蓝色浆果。蓝莓原产于加拿大东部和美国东部及南部，在日本、中国、新西兰及欧洲等地都有引种。

　　蓝莓的味道酸甜可口，含有丰富的营养成分，具有防止脑神经老化、保护视力、强心、抗癌、软化血管、增强人体免疫功能等功效。作为一种具有较高经济价值和广阔开发前景的小浆果树种，在英国权威营养学家列出的全球 15 种健康食品中，居于首位，并在 2017 年国际粮农组织列为人类五大健康食品之一，被誉为 "浆果之王"。

　　然而，尽管蓝莓在野生状态下已经存在数百年，但直到 20 世纪初，人们才开始尝试将它们驯化并进行商业生产。美国农业专家 Frederick Coville 和蓝莓农夫 Elizabeth White 是这个行动的领导者。他们合作筛选出了最适合商业生产的蓝莓品种，并在 1908 年开始了规模化的商业种植。自那时以来，蓝莓产业就一直在不断地发展，而蓝莓也成为全球范围内深受人们喜爱的水果之一。

····学习情境二　提拉米苏的制作

品种名称：提拉米苏（如图 16-2 所示）。

图 16-2　提拉米苏

用料情况：

手指饼干 1 包；马斯卡邦乳酪 500g；咖啡水 50g；卡鲁哇咖啡酒 50g；无菌蛋清 4 个；细砂糖 A 5g；细砂糖 B 15g；防潮可可粉适量；无菌蛋黄 4 个。

制作过程：

（1）细砂糖加蛋黄拌匀，然后加乳酪拌匀。

（2）打发蛋清加入（1）中。

（3）将咖啡水，咖啡酒拌匀。

（4）取方盘将手指饼干沾上咖啡水酒放入盘中，铺上一层提拉米苏糊，依序铺上剩下的饼干和提拉米苏糊。

（5）冷藏 4h 以上取出撒可可粉。

提拉米苏发展历史

提拉米苏（Tiramisu）是一种源自意大利的甜点，其名字在意大利语中意为"带我走"或"使我振奋"，象征着这款甜点能够带来愉悦和活力。提拉米苏的起源和发展历史有多种说法，但最被广泛接受的是其起源于 20 世纪 50 年代末期的意大利威尼托大区的特雷维索。

提拉米苏的味道与口感独特，层次分明，手指饼干在咖啡的浸泡下变得柔软，奶酪酱的香滑和咖啡的浓郁交织在一起令人陶醉。这种结合了咖啡的苦涩和奶酪的香甜的味觉冲击，让提拉米苏成为一款无法抗拒的甜点。

提拉米苏不仅在意大利广受欢迎，而且已经超越国界，成为国际上备受推崇的甜点之一。它代表了意大利烘焙文化的象征之一，不仅是对生活的热爱和享受的体现，更是对传统的珍视和对创新的追求。

关于提拉米苏的起源，还有一个浪漫的传说。它起源于第二次世界大战时期的一个意大利家庭，一位士兵即将开赴战场，他的妻子为了给他准备干粮，将家里所有能吃的饼干、面包全做进了一个糕点里，那个糕点就叫提拉米苏。每当这个士兵在战场上吃到提拉米苏，他就会想起他的家，想起家中心爱的人。

··学习情境三　巧克力冰激凌的制作

品种名称：巧克力冰激凌（如图16-3所示）。

图16-3　巧克力冰激凌

用料情况：

牛奶300g；吉利丁片15g；软制巧克力300g；巧克力酱100g；蛋黄60g；打发淡奶400g。

制作过程：

（1）将牛奶加热，把用冰水泡好的吉利丁片加入煮化。（温度不超过60℃）

（2）趁热加入切碎的巧克力块溶解。

（3）加入巧克力酱搅匀。

（4）加入蛋黄拌匀。

（5）停止加热，隔冰水降温，继续搅拌，拌至黏稠状。

（6）加入打发的淡奶搅匀。

（7）倒入模具中冻 1～2h，制成冰激凌。

（8）装饰。

成品特点：

凉爽可口。

关键要领：

吉利丁片的泡制与溶解。

类似品种：草莓冰激凌。

文化溯源：

据说冰激凌早在四千多年前就在中国被发明了，在很久很久之后，威尼斯人马可波罗将这种用水果加水或者牛奶制成的混合冰品的配方带到了意大利。由于夏天存放冰块的成本很高，当时的冰激凌只有富人才能享用。直到 20 世纪中叶，工业的发展降低了制冷的成本，冰激凌才成为全世界百姓都能吃到的甜点。

冰激凌在欧洲的普及始于 16 世纪的佛罗伦萨，当时美第奇家族的 Caterina de Medici 举办了一次美食大赛，一位叫 Ruggeri 的冰激凌师凭借一款雪芭（Sorbetta）赢得桂冠。由于这款冰激凌实在太好吃了，Caterina 嫁给法国国王时便将冰激凌师一并带去了法国。后来，冰激凌这种好吃的小甜心跟随着欧洲王室联姻的步伐，又去了英国。1718 年，冰激凌的秘方首次在英国被公开。

真正的冰激凌的完美配方据说是在 1686 年由一位名叫 Francesco Procopiodei Cortelli 的西西里厨师配制的。同年，他在巴黎开了以自己名字命名的咖啡馆 IlCafé Le Procope，直到今天这家店还在营业。

在意大利买冰激凌，第一个被问的问题就是："Conoocoppetta?（筒还是杯呀?）"：据说我们现在常见的华夫筒最早出现在 1904 年的圣路易斯世博会上，当时一家名为 Arnold Fomachou 的冰激凌商的纸杯用完了，而隔壁展台售卖的华夫饼正因为天气酷热而滞销，于是，这种奇妙的美味组合就在机缘巧合下产生了。

放眼全球的冰激凌市场，以欧美地区与中国冰激凌产业的发展最为迅猛。冰激凌，已不再仅限于夏季清凉解暑的功能，而逐渐成为一种休闲、时尚、个性的全新四季食品。2009 年，对北京、上海、广州、深圳等城市时尚男女和儿童进行冰激凌消费调查数据表明：喜欢吃冰激凌的人数占到了82％以上，有93％的人把冰激凌作为日常生活消费品中必不可少的一部分。

显而易见，现代人对巧克力冰激凌的喜爱不是一点点，而是近乎疯狂迷恋。作为冰激凌系列产品中的传世经典，巧克力冰激凌更以其甜美爽滑的口感、迷幻怡人的外观、低糖低脂的口味、营养健康的理念，彻底打动每一位顾客，不仅带给人们唇齿之间最美妙的味觉享受，还能给都市白领、浪漫情侣带来时尚的冰酷体验，也能给孩子们带来童话般的温馨浪漫，更能给追求健康长寿的中老年人带来全新的养生感受。

··学习情境四　原味慕斯的制作

品种名称： 原味慕斯（如图16-4所示）。

图16-4　原味慕斯

用料情况：

白糖15g；牛奶200g；蛋黄60g；吉利丁10g；打发鲜奶油300g。

制作过程：

（1）加热牛奶，但温度不高于60℃，加入软化的吉利丁，搅匀。

（2）蛋黄与白糖混合加入（1）中，搅拌冷却至36℃，加入打发好的奶油。

（3）一层戚风蛋糕，一层慕斯糊，加入模具表面抹平。冷冻2h以上。

关键要领：

淡奶油打发5分即可。

文化溯源：

　　慕斯蛋糕最早出现在美食之都法国巴黎，最初大师们在奶油中加入起稳定作用和改善结构、口感和风味的各种辅料，使之外形、色泽、结构、口味变化丰富，更加自然纯正，冷冻后食用其味无穷，成为蛋糕中的极品。

　　它的出现符合了人们追求精致时尚、崇尚自然健康的生活理念，满足人们不断对蛋糕提出的新要求，慕斯蛋糕也给大师们一个更大的创造空间，大师们通过慕斯蛋糕的制作展示出他们内心的生活悟性和艺术灵感，在世界西点世界杯上，慕斯蛋糕的比赛竞争历来十分激烈，其水准反映出大师们的真正功力和世界蛋糕发展的趋势。

第十七章 巧克力类的制作

∥ 任务一　巧克力装饰类 ∥

‥学习情境一　巧克力叶子的制作

品种名称：巧克力叶子（如图17-1所示）。

图17-1　巧克力叶子

（1）烤盘上喷水，将胶片纸贴在烤盘上（如图17-2所示）。

（2）胶片纸上铺玻璃纸，用铲刀将胶片纸下的空气全部刮出，使胶片纸贴合得更紧（如图17-3所示）。

图17-2　巧克力叶子制作（步骤一）

图17-3　巧克力叶子制作（步骤二）

（3）取下玻璃纸，在胶片纸上喷洒酒精消毒（如图 17-4 所示）。

（4）待酒精干后，放在一旁备用（如图 17-5 所示）。

图 17-4 巧克力叶子制作（步骤三）　　　图 17-5 巧克力叶子制作（步骤四）

（5）将可可脂融化调好色，按照温度曲线调温。用刷子蘸取适量可可脂，均匀地刷在胶片纸表面（如图 17-6 所示）。

（6）涂满表面后朝一个方向继续刷，直到可可脂凝固（如图 17-7 所示）。

图 17-6 巧克力叶子制作（步骤五）　　　图 17-7 巧克力叶子制作（步骤六）

（7）拿一把干净的刷子蘸取金粉，均匀地刷在可可脂表面（如图 17-8 所示）。

（8）将金粉均匀地涂抹开薄薄一层。放在 12～18℃环境下，结晶至少 12 h（如图 17-9 所示）。

图 17-8 巧克力叶子制作（步骤七）　　　图 17-9 巧克力叶子制作（步骤八）

（9）将结晶好的转印纸放在案台上（如图 17-10 所示）。

（10）转印纸上倒适量按照调温曲线调好温的巧克力（如图 17-11 所示）。

图 17-10　巧克力叶子制作（步骤九）　　　　图 17-11　巧克力叶子制作（步骤十）

（11）再取一张转印纸覆盖在巧克力上（如图 17-12 所示）。

（12）表面铺一张玻璃纸，用巧克力塑形管将其推平（如图 17-13 所示）。

图 17-12　巧克力叶子制作（步骤十一）　　　　图 17-13　巧克力叶子制作（步骤十二）

（13）取下玻璃纸，用叶子模具压出形状。放到 12～18℃ 的条件下，结晶至少 12 h 后，再取出配件（如图 17-14 所示）。

图 17-14　巧克力叶子制作（步骤十三）

·· 学习情境二　雏菊的制作

品种名称：雏菊（如图 17-15 所示）。

图 17-15　雏菊

（1）将融化的白巧克力中加入适量的脂溶性色素，按照白巧克力的调温曲线调好温。装入裱花袋，在不粘垫儿上挤直径 3cm 左右的圆（如图 17-16 所示）。

（2）在铜制可露丽模具中加入 2/3 的冷凝剂，快速地放在挤好的圆上（如图 17-17 所示）。

图 17-16　雏菊制作（步骤一）　　　　图 17-17　雏菊制作（步骤二）

（3）用裱花袋挤 1cm 左右的圆（如图 17-18 所示）。

（4）将烤盘拉至案台边缘，轻轻地颠一下，使小圆点更圆（如图 17-19 所示）。

图 17-18　雏菊制作（步骤三）　　　　图 17-19　雏菊制作（步骤四）

（5）取金粉砂糖全部覆盖在小圆点上，花心制作完成。在 12～18℃ 的环境下静置结晶 12 小时。用巧克力将花心与雏菊粘连在一起（如图 17-20 所示）。

图 17-20　雏菊制作（步骤五）

•• 学习情境三　巧克力片的制作

品种名称：巧克力片（如图 17-21 所示）。

图 17-21　巧克力片

（1）案台上喷水贴上软胶片纸，并在软胶片纸上喷洒酒精进行消毒（如图 17-22 所示）。

（2）将调好温、调好色的巧克力倒在软胶片纸上，表面再覆盖一层软胶片纸，用擀面杖将其均匀推平（如图 17-23 所示）。

图 17-22　巧克力片制作（步骤一）

图 17-23　巧克力片制作（步骤二）

（3）推平的厚度约为 2mm（如图 17-24 所示）。

（4）等待巧克力结晶，用指甲轻划巧克力边缘，出现清晰的痕迹，就可以进行下一步操作了（如图 17-25 所示）。

图 17-24　巧克力片制作（步骤三）

图 17-25　巧克力片制作（步骤四）

（5）用锯齿状刻模按压（如图 17-26 所示）。

（6）刻下来的圆边缘清晰，无巧克力残留。将压好的巧克力片，卷成桶状。在 12～18℃的环境下结晶 12 h 后，脱模（如图 17-27 所示）。

图 17-26　巧克力片制作（步骤五）

图 17-27　巧克力片制作（步骤六）

· · 学习情境四　巧克力网格的制作

品种名称：巧克力网格。

(1) 用巧克力将巧克力厚度尺粘在桌面上。分别在厚度尺的两边铺上不粘垫（如图 17-28 所示）。

(2) 在不粘垫上喷水，贴上软胶片纸。软胶片纸一张平行于厚度尺，另一张垂直于厚度尺。排出空气，并用酒精消毒（如图 17-29 所示）。

图 17-28　巧克力网格制作（步骤一）

图 17-29　巧克力网格制作（步骤二）

(3) 顺着软胶片纸的方向倒上调好温的巧克力（如图 17-30 所示）。

(4) 用锯齿形刮板顺着软胶片纸的方向做出条纹状花纹（如图 17-31 所示）。

图 17-30　巧克力网格制作（步骤三）

图 17-31　巧克力网格制作（步骤四）

(5) 同样方法做出另一侧（如图 17-32 所示）。

(6) 取下一侧的软胶片纸，将两个花纹垂直放置（如图 17-33 所示）。

图 17-32　巧克力网格制作（步骤五）

图 17-33　巧克力网格制作（步骤六）

（7）表面上覆盖一张干净的软胶片纸，用刻模上部轻轻地将软胶片纸和巧克力贴合（如图 17-34 所示）。

（8）用刻模轻轻地按压，使巧克力溢出，将条纹贴合在一起（如图 17-35 所示）。

图 17-34　巧克力网格制作（步骤七）　　图 17-35　巧克力网格制作（步骤八）

（9）等待巧克力结晶后，再用刻模将巧克力网格彻底切割下来。在 12～18℃ 的环境下结晶 12 h 后，脱模。在制作巧克力网格的过程中需要注意，操作动作要快，时间要短，否则无法粘连在一起（如图 17-36 所示）。

图 17-36　巧克力网格制作（步骤九）

••学习情境五　巧克力羽毛的制作

品种名称：巧克力羽毛（如图 17-37 所示）。

图 17-37　巧克力羽毛

（1）在不粘垫上喷水，贴上软胶片纸。排出空气，并用酒精消毒（如图 17-38 所示）。

（2）选取羽毛状刀，蘸适量调好温的巧克力，将背面的巧克力刮干净（如图 17-39 所示）。

图 17-38　巧克力羽毛制作（步骤一）　　　　图 17-39　巧克力羽毛制作（步骤二）

（3）在贴好的软胶片纸上，压出羽毛的形状，并向下拉出纹路（如图 17-40 所示）。

（4）在操作的过程中需要两只手相互配合，防止手抖（如图 17-41 所示）。

图 17-40　巧克力羽毛制作（步骤三）　　　　图 17-41　巧克力羽毛制作（步骤四）

（5）做好的羽毛，放在提前准备好的管子中，做出弯曲的样子，在 12～18℃ 的环境下结晶 12 h 后，脱模（如图 17-42 所示）。

图 17-42　巧克力羽毛制作（步骤五）

··学习情境六　巧克力玫瑰花的制作

品种名称：巧克力玫瑰花（如图 17-43 所示）。

图 17-43　巧克力玫瑰花

用料情况：

巧克力 1000g；葡萄糖 500g。

制作过程：

（1）巧克力糖面：将巧克力融化后加入葡萄糖，搅拌至八成均匀，倒至桌面降温。每隔两分钟翻一次面，直至成面团状态即可使用。纯脂巧克力、代脂巧克力均可使用，代脂巧克力韧性更好。将和好的巧克力糖面擀成 3mm 的薄片，用模具压成直径 3.5cm 的圆片，备用。

（2）玫瑰花塑性：

①将压成圆片的巧克力糖面边缘压薄，卷成筒状做成花心（如图 17-44 所示）。

②再取一片巧克力糖面，边缘压薄，底部合拢，右面向外翻出，做出巧克力花瓣（如图 17-45 所示）。

图 17-44　巧克力玫瑰花制作（步骤一）　　图 17-45　巧克力玫瑰花制作（步骤二）

（3）每片花瓣从上一片的中间开始粘连（如图 17-46 所示）。

（4）一共做七片花瓣结束（如图 17-47 所示）。

图 17-46　巧克力玫瑰花制作（步骤三）　　　图 17-47　巧克力玫瑰花制作（步骤四）

任务二　巧克力糖果类

·· 学习情境一　草莓跳跳糖巧克力排块的制作

品种名称： 草莓跳跳糖巧克力排块。

用料情况：

56% 黑巧克力 600g；草莓碎 24g；草莓跳跳糖 20g。

制作过程：

（1）取适量调好温的巧克力（如图 17-48 所示）。

（2）将称量好的草莓碎倒入巧克力中（如图 17-49 所示）。

图 17-48　草莓跳跳糖巧克力排块制作（步骤一）　图 17-49　草莓跳跳糖巧克力排块制作（步骤二）

（3）将称量好的草莓跳跳糖倒入巧克力中（如图 17-50 所示）。

（4）将巧克力搅拌均匀（如图 17-51 所示）。

图 17-50　草莓跳跳糖巧克力排块制作（步骤三）　图 17-51　草莓跳跳糖巧克力排块制作（步骤四）

（5）将调好的巧克力倒入干净室温的模具中（如图 17-52 所示）。

（6）在桌子边缘轻轻颠一下，使表面流平。在 12～18℃ 的环境下结晶 12 h 后，脱模（如图 17-53 所示）。

图 17-52 草莓跳跳糖巧克力排块制作（步骤五）　图 17-53 草莓跳跳糖巧克力排块制作（步骤六）

　　••学习情境二　梨子柠檬模型巧克力的制作

　　品种名称：梨子柠檬模型巧克力。

　　（一）可可脂涂层制作

　　准备：将棉球或软布等缠绕于手指，将模具凹槽部分的灰尘及指纹等擦拭干净，因巧克力最怕水，所以模具应提前洗干净，充分晾干再使用。

　　（1）将干净的室温下的模具后面垫高，倾斜放置模具，注入 1/3 调好（如图 17-54 所示）。

　　（2）待巧克力结晶，用喷枪沿没有巧克力的部分均匀地喷上调好色、调好温的绿色可可脂温的巧克力（如图 17-55 所示）。

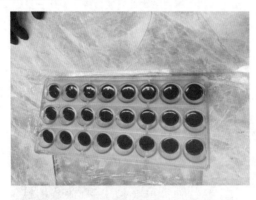 

图 17-54 可可脂涂层制作（步骤一）　图 17-55 可可脂涂层制作（步骤二）

　　（3）等绿色可可脂完全干透，调节喷枪成小圆点状，喷上黑色调好温的可可脂，呈不规则小圆点（如图 17-56 所示）。

　　（4）等待绿色黑色可可脂干透后，喷上红色调好温的可可脂，12～18℃的环境下静置12 h，等待可可脂完全结晶（如图 17-57 所示）。

图 17-56　可可脂涂层制作（步骤三）

图 17-57　可可脂涂层制作（步骤四）

（二）巧克力外壳制作（如图 17-58 所示）

图 17-58　巧克力外壳

（1）将调好温的巧克力倒入裱花袋，保温备用（如图 17-59 所示）。

（2）将调好温的巧克力挤入模具中，完全填满（如图 17-60 所示）。

图 17-59　巧克力外壳制作（步骤一）

图 17-60　巧克力外壳制作（步骤二）

（3）轻轻振动模具，使巧克力流均匀（如图 17-61 所示）。

（4）倒掉多余的巧克力（如图 17-62 所示）。

图 17-61　巧克力外壳制作（步骤三）　　　　图 17-62　巧克力外壳制作（步骤四）

（5）用铲刀将多余的巧克力刮掉，将表面刮平（如图 17-63 所示）。

（6）将模具倒扣立起来，在两根厚度尺上，静置至少 1 h。12～18℃的环境下静置结晶 8 h（如图 17-64 所示）。

图 17-63　巧克力外壳制作（步骤五）　　　　图 17-64　巧克力外壳制作（步骤六）

（三）梨子柠檬夹心制作

柠檬果梨果蓉加入葡萄糖浆加热至 50℃，再加入白砂糖和果胶混合均匀，加入 105g 白砂糖，加热至 105～108℃，加入柠檬香精和果酸溶液（柠檬汁）搅拌均匀。晾凉备用。

（四）伯爵茶甘纳许制作

将牛奶加热至 80℃加入伯爵茶叶浸泡 15～20 min 或隔夜浸泡过滤，将牛奶挤出加入山梨糖醇和葡萄糖浆，加热至 50℃，150g 牛奶巧克力和 75g 黑巧克力融化。加入 6.2g 可可粉，搅拌均匀，将融化好的巧克力加入之前泡好的奶茶中均质，最后加入 27g 黄油均质至顺滑。

（五）组合封底

（1）将梨子柠檬夹心挤入结晶好的巧克力壳里（如图 17-65 所示）。

（2）挤入伯爵茶甘纳许，离模具上方留 2mm 的高度，12～18℃的环境下静置结晶 12 h 定型（如图 17-66 所示）。

图 17-65　组合封底（步骤一）　　　　图 17-66　组合封底（步骤二）

（3）将调好温的巧克力挤在甘纳许上面作为封层（如图 17-67 所示）。

（4）轻轻晃平表面，12～18℃的环境下，静置结晶至少 1 h（如图 17-68 所示）。

图 17-67　组合封底（步骤三）　　　　图 17-68　组合封底（步骤四）

··学习情境三　抹茶庄园生巧涂层巧克力的制作

品种名称：抹茶庄园生巧涂层巧克力（如图 17-69 所示）。

图 17-69　抹茶庄园生巧涂层巧克力

（一）抹茶巧克力制作（如图 17-70 所示）

图 17-70　抹茶巧克力制作

（1）将可可脂切碎放入容器中用微波炉加热融化，可可脂融化后加入白巧克力搅拌均匀。在整个过程中温度保持在 40～45℃。

（2）将转化糖浆和淡奶油加热至转化糖浆融化，升温至 45℃，加入可可脂和白巧克力中混合均匀并均质。保持温度在 35～40℃。

（3）加入黄油并均质到混合物顺滑。

（二）生巧组合

（1）将调好温的巧克力，挤在生巧模具上（如图 17-71 所示）。

（2）用抹刀抹平均匀地留在表面薄薄一层（如图 17-72 所示）。

图 17-71　生巧组合制作（步骤一）

图 17-72　生巧组合制作（步骤二）

（3）四面放上生巧模具，固定好（如图 17-73 所示）。

（4）倒入调好的抹茶巧克力（如图 17-74 所示）。

图 17-73　生巧组合制作（步骤三）

图 17-74　生巧组合制作（步骤四）

（5）用抹刀将它刮平（如图 17-75 所示）。

（6）在阴凉处，12～18℃的环境下精致定型 12 h，脱模，然后用巧克力切割机切成适当的尺寸（如图 17-76 所示）。

图 17-75　生巧组合制作（步骤五）

图 17-76　生巧组合制作（步骤六）

（三）巧克力涂层及装饰

（1）将巧克力调好温，用巧克力叉试验一下（如图 17-77 所示）。

（2）将调好温的巧克力分成四个部分。为的是尽量少的产生气泡（如图 17-78 所示）。

图 17-77 巧克力涂层及装饰（步骤一）

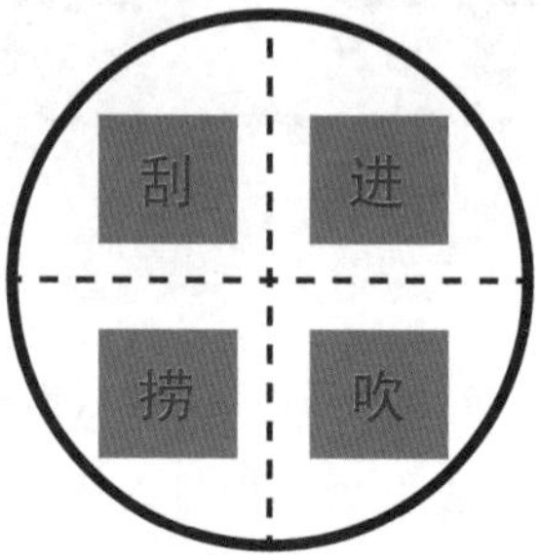

图 17-78 巧克力涂层要领

（3）投入巧克力（如图 17-79 所示）。

（4）用巧克力浸叉将巧克力从左下角捞起（如图 17-80 所示）。

图 17-79 巧克力涂层及装饰（步骤二）

图 17-80 巧克力涂层及装饰（步骤三）

（5）在右下角轻轻颠掉多余的巧克力，并用喷枪吹掉表面多余的巧克力（如图 17-81 所示）。

（6）在左上角轻轻刮掉巧克力浸叉上多余的巧克力（如图 17-82 所示）。

图 17-81 巧克力涂层及装饰（步骤四）

图 17-82 巧克力涂层及装饰（步骤五）

（7）将均匀裹满巧克力外壳的巧克力放在不粘垫上（如图17-83所示）。

（8）提前将绿色闪粉溶解在食用酒精中（如图17-84所示）。

图 17-83　巧克力涂层及装饰（步骤六）　　　图 17-84　巧克力涂层及装饰（步骤七）

（9）用刀蘸取绿色闪粉，装饰巧克力表面（如图17-85所示）。

图 17-85　巧克力涂层及装饰（步骤八）